U0457397

"十三五"职业教育系列教材

"十三五"职业教育系

YONGDIAN XINXI CAIJI XITONG
SHIXUN JIAOCHENG

用电信息采集系统实训教程

姜京京　杨光宇　王松廷　刘　伟　编著

中国电力出版社
CHINA ELECTRIC POWER PRESS

内 容 提 要

　　本书是结合电力系统实际业务，针对现场用电信息采集、线损管理、抄表核算收费等不同岗位的人员进行编写的。本书共九章，主要内容包括操作系统、用电信息采集系统基本应用、有序用电、采集高级应用、运行管理、业扩报装、抄表核算收费、电力线损综合管理系统等。

　　本书可作为高职高专相关专业教材，也可作为供电企业用电营销管理、线损管理、用电信息采集等岗位的培训教材。

图书在版编目（CIP）数据

用电信息采集系统实训教程/姜京京等编著 . 一北京：中国电力出版社，2018.6（2022.3重印）
"十三五"职业教育规划教材
ISBN 978 - 7 - 5198 - 1800 - 5

Ⅰ.①用…　Ⅱ.①姜…　Ⅲ.①用电管理－管理信息系统－职业教育－教材　Ⅳ.①TM92

中国版本图书馆 CIP 数据核字（2018）第 056742 号

出版发行：中国电力出版社
地　　　址：北京市东城区北京站西街 19 号（邮政编码 100005）
网　　　址：http：//www.cepp.sgcc.com.cn
责任编辑：乔　莉（010-63412535）　马雪倩
责任校对：王开云
装帧设计：左　铭
责任印制：钱兴根

印　　　刷：北京天泽润科贸有限公司
版　　　次：2018 年 6 月第一版
印　　　次：2022 年 3 月北京第五次印刷
开　　　本：787 毫米×1092 毫米　16 开本
印　　　张：7.25
字　　　数：172 千字
定　　　价：36.00 元

前　言

随着电力体制改革不断深入，现代超高压、特高压电网建设进一步加快，高参数、能源大联网趋势日趋显著，建立一支高素质、高水平的专业队伍是坚强智能电网安全运行的重要保障。

本书是结合电力系统实际业务，针对现场用电信息采集、线损管理、抄表核算收费等不同岗位的人员进行编写。将各项典型工作任务的事例深入浅出，层层递进，结合知识原理做到理论联系实际。通过本书的学习，读者可掌握电力系统用电信息计量设备、采集设备的安装使用及常见故障处理的方法，掌握电能计量系统常用工具使用、整个系统工作流程，掌握主站采集系统、线损管理系统和网上售电系统的应用等多方面的能力。

本书所涉及的培训配套场地为哈尔滨电力职业技术学院用电信息采集实训场地。

本书由哈尔滨电力职业技术学院的姜京京、杨光宇、王松廷、刘伟编著。姜京京负责全书的统筹工作和第四章、第五章、第九章的编写，杨光宇负责第七章、第八章的编写，王松廷负责第二章、第三章的编写，刘伟负责第一章、第六章的编写。

限于编者水平，书中难免存在不妥或疏漏之处，恳请广大读者批评指正。

编　者

2018 年 3 月

目　　录

第一章　概　　述

第一节　系　统　构　成

用电信息采集系统仿真培训是依据国家最新的有关标准及规程，根据实际教学需求开设。通过实训内容的学习，读者可掌握电力系统用电信息计量设备、采集设备的安装使用及常见故障处理的方法，掌握电能计量系统常用工具使用、整个系统工作流程，掌握主站采集系统、线损管理系统和网上售电系统的应用等多方面的能力。

用电信息采集系统由用电信息采集主站设备及管理模拟系统（以下简称"主站系统"）和终端设备及模拟系统（以下简称"终端系统"）两部分组成。用电信息采集用户类型包括专用变压器供电用户（以下简称"专变"）和公用变压器供电用户（以下简称"公变"）。培训室终端设备由哈尔滨电力职业技术学院和郑州万特公司联合设计的 23 个机柜所组成（3个厂站培训柜、10 个专变培训柜、5 个双面公变培训柜、5 个功率源柜），如图 1-1 所示。

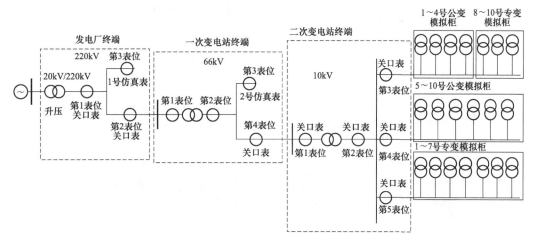

图 1-1　培训室计量采集设备系统图

用电信息采集仿真培训终端模拟系统由发电厂升压站（20kV/220kV）、一次变电站（220kV/66kV）、二次变电站（66kV/10kV）以及专变用户和公变用户等组成。培训室设备采用机柜式设计。图 1-1 中最左边 3 个虚线框为 3 个机柜内的计量和采集设备，分别为仿真发电厂、一次变电站和二次变电站的计量、采集设备。二次变电站引出 3 条 10kV 线路，1 号线路带 3 个专变和 4 个公变仿真用户，2 号线路带 6 个公变仿真用户，3 号线路带 7 个专变仿真用户。它覆盖了电力系统发电、输电、变电、配电和用电各种计量等级的关口表、专变用户表、普通居民表和发电厂和变电站采集终端、公变集中器、专变终端和采集器等设备；各机柜的功率源可由模拟系统控制。

主站设备区主要由主站服务器（采集服务器、数据库服务器、Web 服务器三合一）、打印机、主站通信设备机柜组成。系统软件主要包括信息采集系统、线损管理系统和售电系统。采集系统不仅采集表计的各种数据，还可通过手持终端对电力设备进行定位、识别、补抄、阀控以及交互等功能。线损管理系统访问采集系统数据库中存储的数据进行数据计算，达到线损实时管理的目的。售电系统可以对居民用户和专变用户进行查询、缴费等。三种系统软件紧密结合，最终达到采、售、管一体的用电信息管理系统。

第二节　通　信　方　式

用电信息采集系统在逻辑上可分为采集设备层、通信信道层及主站层三个层次，如图1-2所示。

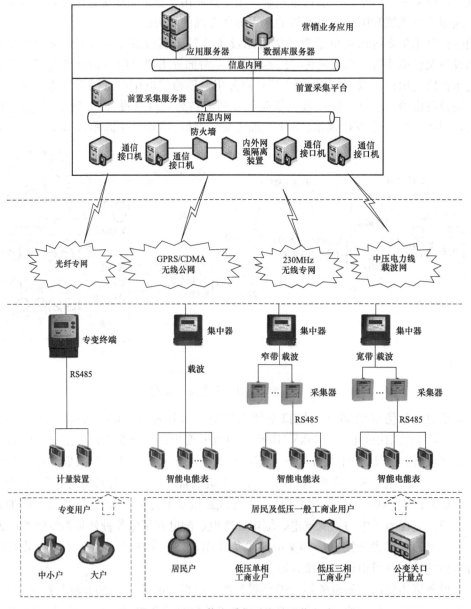

图1-2　用电信息采集系统的通信方式

各部分的组成及功能如下：

1. 采集设备层

采集设备层的设备是指安装在现场的终端及计量设备，主要包括专变终端、集中器、采集器及电能表计等。采集设备层是采集系统的信息底层，负责收集和提供整个系统的原始用电信息。该层又可分为终端子层和计量设备子层。终端子层负责收集用户计量设备的信息，处理和冻结有关数据，并实现与上层主站的交互。计量子层负责电能计量和数据输出等。

2. 通信信道层

通信信道层是连接主站和现场采集终端之间的信息通道，要求其稳定地构建其系统主站、采集传输终端、电能表之间的通信连接，确保采集终端实时、准确地响应主站命令。通信信道从传输距离和作用上分为远程信道（又称上行通道）和本地信道（又称下行通道）。

（1）远程信道。远程信道分为专网信道和公网信道两大类。专网信道是电力系统为满足自身通信需要建设的专用信道，可分为230MHz无线专网及光纤专网两种。230MHz无线专网使用国家无线电管理委员会批准的电力负荷管理系统专用频点（电力电能信息采集用频率为223～231MHz，其中单工频率10个频点，双工频率15对频点，收发间隔为7MHz）。光纤专网是依据电力通信规划而建设的电力系统内部专用通信网络。公网信道是使用通信运营商建设的公共通信资源，本培训室使用中国移动的GPRS。

（2）本地信道。本地通信是指采集终端和用户电能表之间的数据通信。本地信道主要采用RS485总线和电力线载波。

3. 主站层

主站是用电信息采集系统的管理中心，负责整个系统的电能信息采集、用电管理以及数据管理和数据应用等。它实现命令下发、终端管理、数据分析、系统维护、外部接口等功能。业务应用实现系统的各种应用业务逻辑；前置采集平台负责采集终端的用电信息、协议解析，并负责对终端单元发操作指令；数据库负责信息存储和处理。

第二章 终 端 系 统

第一节 终 端 设 备

一、厂站系统模拟装置

1. 装置构成

厂站系统模拟装置由 20kV/220kV 发电厂模拟柜、220kV/66kV 变电站模拟柜、66kV/10kV 变电站模拟柜构成。

（1）20kV/220kV 发电厂模拟柜。20kV/220kV 发电厂模拟柜包含 1 台柜体、1 台机架式厂站终端、2 套功率源、1 套控制箱、2 块关口表、1 块仿真表、1 套分合闸指示器等，如图 2-1 所示。

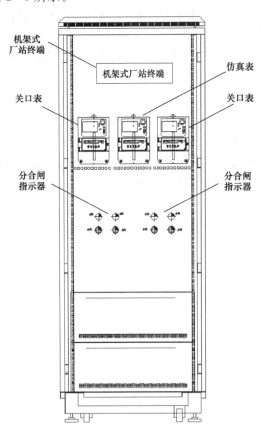

图 2-1　20kV/220kV 发电厂模拟柜正面图

20kV/220kV 计量模拟柜主要模拟从发电厂到升压站的计量模拟，主要包括 1 块厂站终端、2 块三相四线［3×57.7V，1.5（6A）］关口表、1 块三相四线［3×57.7V，1.5（6A）］的仿真电能表，仿真电能表既可以正常走字计量，也可以通过计算机软件对仿真电能表表内的各种电参量进行修改，包括表地址，有功、无功电量等。

柜体中还包括高压开关模拟部分，高压开关主要接收关口表发出的跳闸命令，用于模拟现场中的拉闸限电。

（2）220kV/66kV 变电站模拟柜。220kV/66kV 变电站模拟柜包含 1 台柜体、1 台机架式厂站终端、3 套功率源、1 套控制箱、3 块关口表、1 块仿真表、1 套分合闸指示器等，如图 2-2 所示。

220kV/660kV 计量模拟柜主要模拟 220kV 到 66kV 降压站的计量模拟，主要包括 1 块厂站终端、3 块三相四线［3×57.7V，1.5（6A）］关口表，1 块三相四线［3×57.7V，1.5（6A）］的仿真电能表，

其中仿真电能表既可以正常走字计量，也可以通过计算机软件对仿真表内部的各种电参量进行修改，包括表地址，有功、无功电量等。

柜体中还包括高压开关模拟部分，高压开关主要接收关口表发出的跳闸命令，用于模拟

现场中的拉闸限电。

（3）66kV/10kV 变电站模拟柜。66kV/10kV 变电站模拟柜包含 2 台柜体（其中 1 台为外加功率源柜）、1 台壁挂式厂站终端、5 套功率源、1 套控制箱、5 块关口表、2 套分合闸指示器等，如图 2-3 所示。

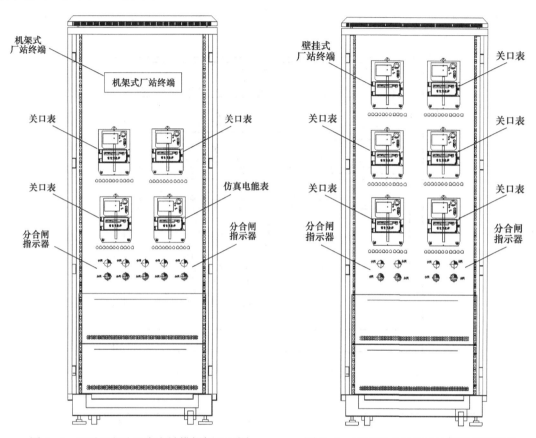

图 2-2 220kV/66kV 变电站模拟柜正面图   图 2-3 66kV/10kV 变电站模拟柜正面图

2. 主要功能

终端设备的功率源可以为各个计量表计提供正常的电压电流，通过控制功率源柜可以控制各个计量表计的电压、电流、相位的大小。可以实现的具体功能如下：

（1）模拟各个电压等级输电线路的线损，并且可以设置线路长度，即线损的大小。

（2）模拟升压和降压变压器的各种损耗，并且可以指定变压器的型号，即可以任意指定变压器的各种损耗。

（3）可以指定每个计量点的负荷性质（容性、阻性和感性）及负荷大小。

（4）实现总分表关系的模拟。

（5）模拟电力计量系统主接线图。

二、10kV 专变模拟装置

1. 装置构成

10kV 专变模拟柜主要模拟专变用户下的计量方式。模拟柜共 10 台，每台包含 1 台柜体、1 台负荷控制终端、1 块三相三线高压电能表、3 块三相四线低压电能表、2 路高压两轮控模拟开关、5套表计及终端接线故障模拟系统、1套控制箱、1套语音计时器、1套电能表阀控指示器等。专变10个柜体采用4套功率源，集中设置在两个功率源柜体中。

　　柜体还包括三相不平衡模拟部分，用于模拟在实际现场中的三相负荷不平衡的状况。通过此模块，可以训练学员对三相不平衡调节算法的了解。

　　三相不平衡接线面板如图2-4所示，接线端子、指示灯、电流表表头接线图如图2-5所示。

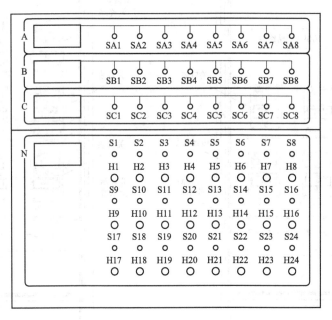

图2-4　三相不平衡接线面板图

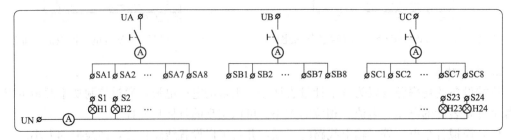

图2-5　接线端子、指示灯、电流表表头接线图

　　负荷不平衡调整参数配置与举例。调整前每个负荷状态见表2-1。

表2-1　　　　　　　　　　　　　　　调整前每个负荷状态

编号	位号	负载值（Ω）	电流值（mA）	等效功率（W）	备注
1	S1	60	110	0.726	+18mA 灯电流
2	S2	30	220	1.452	+18mA 灯电流
3	S3	30	220	1.452	+18mA 灯电流
4	S4	20	330	2.178	+18mA 灯电流

续表

编号	位号	负载值（Ω）	电流值（mA）	等效功率（W）	备注
5	S5	12	550	3.63	＋18mA 灯电流
6	S6	12	550	3.63	＋18mA 灯电流
7	S7	10	660	4.356	＋18mA 灯电流
8	S8	6	1100	7.26	＋18mA 灯电流
9	S9	60	110	0.726	＋18mA 灯电流
10	S10	30	220	1.452	＋18mA 灯电流
11	S11	30	220	1.452	＋18mA 灯电流
12	S12	20	330	2.178	＋18mA 灯电流
13	S13	550	550	3.63	＋18mA 灯电流
14	S14	12	550	3.63	＋18mA 灯电流
15	S15	10	660	4.356	＋18mA 灯电流
16	S16	6	1100	7.26	＋18mA 灯电流
17	S17	60	110	0.726	＋18mA 灯电流
18	S18	30	220	1.452	＋18mA 灯电流
19	S19	30	220	1.452	＋18mA 灯电流
20	S20	20	330	2.178	＋18mA 灯电流
21	S21	12	550	3.63	＋18mA 灯电流
22	S22	12	550	3.63	＋18mA 灯电流
23	S23	10	660	4.356	＋18mA 灯电流
24	S24	6	1100	7.26	＋18mA 灯电流

　　三相万转旋钮实现不平衡挡位：A 相 2 挡 30Ω，3 挡 10Ω；B 相 2 挡 60Ω，3 挡 20Ω；C 相 2 挡 12Ω，3 挡 6Ω；其余挡位为空挡。

　　负荷不平衡调整举例：三相万转旋钮均打到 2 挡，进行三相平衡调整。

　　计算：A 相 2 挡 30Ω，电流为 0.22A，功率为 1.452W；B 相 2 挡 60Ω，电流为 0.11A，功率为 0.726W；C 相 2 挡 12Ω，电流为 0.5A，功率为 3.63W。

　　目前负载总功率：A 相功率＋ B 相功率＋ C 相功率＝1.452＋0.726＋3.63＝5.808（W）

　　调整后：

　　A 相功率＝ 1.452＋2.178＝3.63（W），短接 SA4 与 S04；

　　B 相功率＝ 0.726＋1.452＋1.452＝3.63（W），短接 SB3 与 S10，短接 SB4 与 S11；

　　C 相功率＝ 3.63（W），正常。

　　不同的组合，部分或全部使用所有负载，答案不应该是唯一的。

　　2. 主要功能

　　10kV 专变模拟装置有 4 套功率源，每个功率源各接入 10 块表，通过计算机控制各功率源的电流实现总分表关系，可实现的具体功能如下：

（1）可以模拟整条 10kV 线路当中的线损、变损及总分表关系。

（2）可以模拟高低两轮控，两轮遥信模拟。

（3）可以指定每个计量点的负荷性质（容性、阻性和感性）及大小。

（4）可以在短时间内模拟日负荷曲线、月负荷曲线、年负荷曲线。

（5）三相负载不平衡模拟。

三、10kV 公变模拟装置

公变采集模拟柜分为两种形式，如图 2-6 和图 2-7 所示。

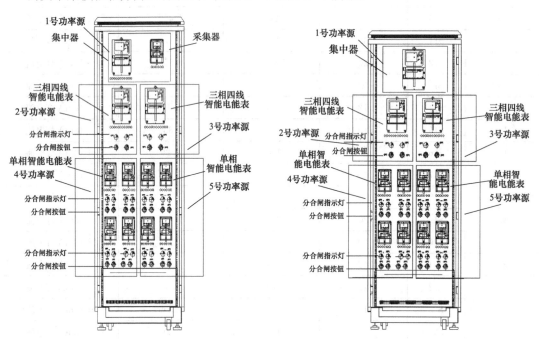

图 2-6　第一种公变模拟柜单面图　　　　图 2-7　第二种公变模拟柜单面图

第一种由集中器、采集器和电能表等组成，柜体为 1 台；第二种由集中器与电能表等组成，柜体为 4 台。公变 5 台模拟柜均为双面设计，正面挂接和背面挂接的电能表、采集器、集中器的位置与数量一致，每台 2 组，共 10 组设备。

第一种模拟柜包含 1 台柜体、6 套表计及终端接线故障模拟系统、1 套控制箱、1 套语音计时器、1 套电能表阀控指示器，此外，每面包含 1 块集中器、1 块采集器、2 块三相四线智能电表、8 块单相智能电表等。

第二种模拟柜包含 1 台柜体、6 套表计及终端接线故障模拟系统、1 套控制箱、1 套语音计时器、1 套电能表阀控指示器，此外，每面包含 1 块集中器、2 块三相四线智能电表、8 块单相智能电表等。

公变 5 个柜体采用 5 套功率源，集中配置在 2 个电源柜中。

计算机通过交换机来控制各个计量模拟屏，通过计算机可以设置每个柜体的表计故障，包括电压断相，电流短路、电流极性反接等常见的窃电故障，通过计算机还可以设置语音计时，语音会有最后 5min，开始、结束等语音提示，满足学员在规定的时间内完成指定的培训任务。

第二节 终端模拟系统

用电信息采集仿真终端模拟系统采用郑州万特公司设计开发的F100L用电信息采集仿真培训系统。该系统技术先进，性能可靠，功能齐全，操作简便，可供电力职业学校、供电部门、培训机构对用电信息采集培训的需求。

一、系统遵循原则

系统采用国内较先进的信息和通信技术，依据较新的国家电网建设标准，并且从结构、技术措施、设备选型、设备性能、设备容错、系统管理、厂商技术支持及维修能力等方面着手，确保项目运行的可靠性和稳定性，达到最大的平均无故障时间，使每个故障点对整个系统的影响尽可能地小，并提供快速的故障恢复手段以及资料备份手段，以保证资料的安全和系统的正常运行。方案策略、相关技术和实现方式在国内处于较领先地位。

系统在遵循统一的国际标准和工业标准的前提下，采用标准的软件平台和系统、计算机设备、规范的网络结构，并遵守相关的接口标准。坚持标准化原则，选择符合开放性和国际标准化的产品和技术；系统的设计在软件上采用模块化设计，以确保系统扩展应用时具备灵活性、可靠性，满足应用功能的扩充不影响系统核心业务执行的目标。

本套系统充分考虑兼容性，具备灵活、规范的数据接口，可兼容各正规厂家符合统一标准的系统和终端表计产品，确保数据信息的共享和统一管理。采用切实有效的安全手段，分层次、全方位地保证系统信息传输的安全。

系统设计时严格按照"全覆盖、全采集"原则，从系统模块功能到产品覆盖面，涵盖所有需要计量和采集的场合，保证了系统的完整性。系统具备灵活性，如系统的扩展、产品的更新时，不影响系统本身的正常运行，可完全保证用电信息采集的实时性和完整性。

系统设计时严格按照现场教学实际情况，最大程度模拟现场的实际情况，引导学员积极进行系统及终端表计的研究和学习。

二、系统的执行标准

本系统主要执行以下主要技术标准（规程）及规定：

GB 50150—2006《电气装置安装工程 电气设备交接试验标准》；

GB/T 50065—2011《交流电气设备的接地设计规范》；

Q/GDW 373—2009《电力用户用电信息采集系统功能规范》；

Q/GDW 374.1—2009《电力用户用电信息采集系统技术规范：专变采集终端技术规范》；

Q/GDW 374.2—2009《电力用户用电信息采集系统技术规范：集中抄表终端技术规范》；

Q/GDW 376.1—2009《电力用户用电信息采集系统通信协议：主站与采集终端通信协议》；

Q/GDW 380.7—2009《电力用户用电信息管理规范：验收管理规范》；

DL/T 645—2007《多功能电能表通信规约》；

Q/GDW 1343—2014《国家电网公司信息机房设计及建筑规范》。

三、系统的软件使用操作

系统软件使用操作，包括电源控制、计时控制、故障设置、仿真表读写、负荷曲线设置。

1. 电源控制

单击电源控制或设备控制-电源控制，在主界面上显示电源控制子界面，如图2-8所示。

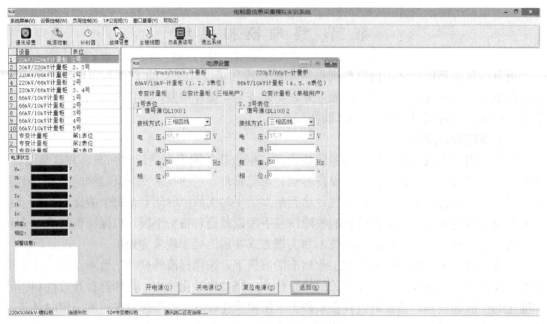

图 2-8 系统电源控制界面

在电源设置显示子界面中，可以设置各个柜体电源的电压、电流、频率、相位。设定完成后，点击"开电源"按钮以启动当前电源；点击"关电源"按钮以关闭当前电源。电源设置界面下选择所要输出的柜体，在柜体界面下选择所要输出的表位，点击开电源即可，关电源时操作与开电源一致，首先要选择柜体，然后选择柜体下的表位。

2. 计时控制

单击"计时器"或"设备控制—计时器"设置，以启动"计时器设置"子界面，如图 2-9所示。

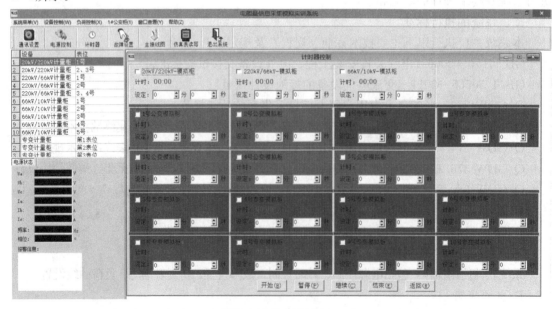

图 2-9 计时控制界面

计时器有开始、暂停、继续、结束四个功能。

单击"故障设置"或"设备控制—故障设置",以打开"故障设置"子界面,如图2-10所示。

图2-10　故障控制界面

首先在设备列表中选择需要设置故障的柜体,然后在表位列表中选择该柜体下的某个表位,选择完成后,在故障内容中选择所要设置的表计故障,选择完成后点击设置故障(S)按钮进行该表位的故障设置。点击复位故障(U)按钮进行该表位的故障取消。

3.仿真表读写

单击"仿真表读写"进入"仿真电能表设置"界面,如图2-11所示。

图2-11　仿真表读写界面

在该界面下可以对 20kV/220kV 计量模拟柜中的第三表位仿真电能表和 220kV/66kV 计量模拟柜中的第四表位仿真电能表进行电量的读写与修改。

如果要修改软件抄表的数据项，在右边框空白处单击右键弹出设置数据项菜单，单击"进入设置电能量数据项"界面。

在此界面下双击所要读取或者写入的数据项，选择完成后单击确定，所选择的数据项就会显示在抄表数据下的电能量界面中，如图 2-12 所示。

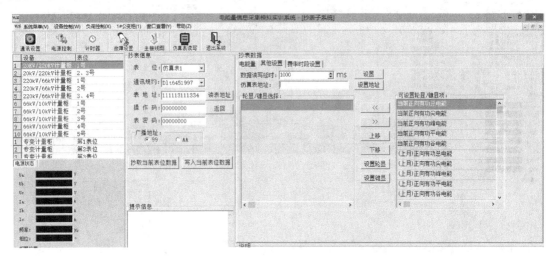

图 2-12 抄表数据下电能量界面

在抄表数据下有一个费率和时段设置，在此界面下可以进行仿真表的费率、时段的设置。

4. 负荷曲线设置

单击运行日负荷曲线界面可以设置底层表计的日负荷曲线；月平均负荷曲线和年平均负荷曲线只能够进行相应查看，不能进行设置。设置完日负荷曲线后，点击"开始运行负荷"，则软件主接线图会按照所设置的负荷曲线进行工作。负荷曲线保存：点击"保存当前负荷曲线"，则弹出负荷曲线对话框进行曲线名称标注，点击"保存"即可完成保存，如图 2-13 所示。

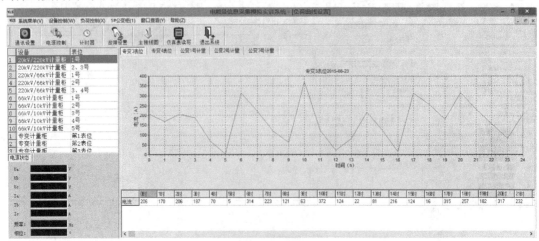

图 2-13 负荷曲线界面图 1

负荷曲线删除：在负荷曲线对话框中选中需要删除的曲线名称，点击删除选中即可，如图 2-14 所示。

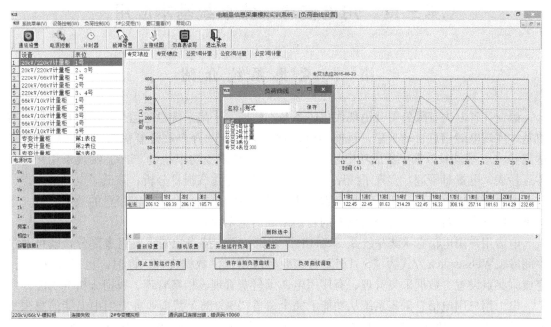

图 2-14 负荷曲线界面图 2

负荷曲线调取：在负荷曲线对话框中选中双击需要调取的曲线名称，然后点击开始运行负荷即可。

四、常见的故障及处理方法

常见的故障及处理方法见表 2-2。

表 2-2 常见故障及处理方法

常 见 故 障	原 因 分 析	处 理 方 法
计算机与设备不通信	网线损坏或松动	重新插拔网线或更换新网线
	计算机无 IP 地址，使用的是自动获取 IP	取消计算机自动获取 IP，填写固定 IP 使之和设备 IP 在同一网段
	软件设置与设备 IP 不对应	查看设备 IP 后重新设置软件不通信的设备 IP
某个电源报警	表位电压线接错造成短路或电流开（断）路	首先通过软件提示确定是哪个电源报警，逐个排查使用该电源的所有表计接线，重新接线或更换表计
	电源本身输出故障	再确认电压电流线无松动后，联系公司售后服务部派专人进行维修
设备表计上没有电压或电流	上级表计处于分闸状态	正常现象，将上级表计合闸即可
	表计本身处于分闸状态	将表计合闸即可

第三章 用电信息采集系统基本应用

第一节 采集系统介绍

黑龙江省电力有限公司营销现代化体系基本建成。采集系统稳定运行，国网直供用电客户基本实现电能信息自动采集，目前用电用户总数约 589 万户，覆盖率达到 99%，费控率达到 80%。平均日数据采集成功率超过 98%，一次抄表成功率超过 96%。实现了用户每日零点抄表、电量日管理，实现了线路、台区、用户一体化线损日分析，降低了电量损失。

电力用户用电信息采集系统是全省电能计量设备的监控平台、电能信息的数据平台、运行维护的管理平台，是电力公司重要的营销基础信息系统。

电力用户用电信息采集系统是"SG186"营销技术支持系统的重要组成部分，既可通过中间库、Webservice 方式为"SG186"营销业务应用提供数据支撑。同时，也可独立运行，完成采集点设置、数据采集管理、有序用电、预付费管理、档案管理、线损分析等功能。

电力用户用电信息采集系统从功能上完全覆盖"SG186"营销业务应用中电能信息采集业务的所有相关功能，包括基本应用、高级应用、运行管理、统计查询、系统管理，为"SG186"营销业务应用中的其他业务提供用电信息数据源和用电控制手段。同时，还可以提供"SG186"营销业务应用之外的综合应用分析功能，如配电业务管理、电量统计、决策分析、增值服务等功能，并为其他专业系统如"SG186"生产管理系统、GIS 系统、配电自动化系统等提供基础数据。

一、系统的结构

用电信息采集与管理系统是由系统主站和主站端设备构成。系统主站基于多种信道（GPRS/CDMA、工业以太网等），通过多种通信方式实现与站端设备的信息交换。主站端设备包括采集终端、电能表、手持终端等所有涉及电能计量的设备。

本系统构架是基于 DLMS/COSEM 构建面向对象的互操作系统。系统应具有数据的准确性、完整性、可靠性、稳定性、开放性、互操作性、安全性等要求。由于系统涉及面广，面向对象多，系统分层、分期建设等特点，使其具有区别于一般系统的更高和特定要求。这些要求、特点决定了系统设计应具以下原则：可靠性与稳定性、准确性与完整性、开放性与安全性、实用性与扩展性、先进性与成熟性。

1. 主站拓扑结构

主站拓扑结构如图 3-1 所示。主要部分分析如下。

采集服务器：进行数据的集中采集，执行数据采集任务，采集全省所有低压用户的电能信息数据，获取负控用户电能信息数据和关口系统电能信息数据，是系统的数据来源。

应用服务器：提供系统的所有应用和管理功能，面向全省电力系统提供应用服务。主要执行的任务为数据采集管理、数据发布管理、设备管理、控制执行管理、线损管理、负荷分析管理、系统运行管理等。

存储设备：存储电能信息数据，同时为应用系统提供相应的数据支撑。

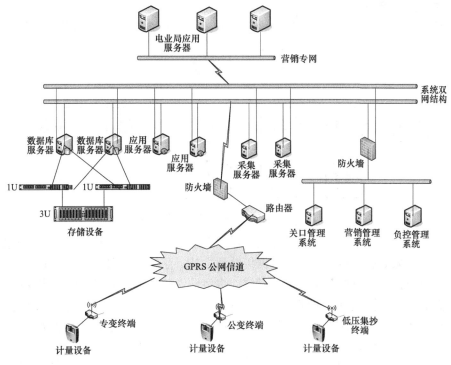

图 3-1 主站拓扑结构图

2. 系统模块结构

用电信息采集系统模块结构图如图 3-2 所示。

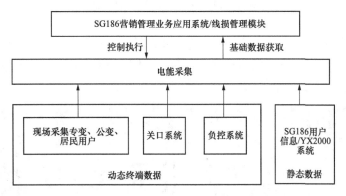

图 3-2 采集系统模块结构图

系统包括静态数据和动态数据两部分。动态数据来源于现场计量设备，通过采集和传输终端传输到主站；静态数据是指营销应用系统中的数据，包括用户信息、台区信息以及标号信息等。

动态数据包括变台及普通用户信息、关口电能信息、大用户负控采集电能信息三部分。其中变台及普通用户信息由本系统直接通过集中器采集，大用户电能信息通过主站接口从现有的负控系统中获取相关数据，关口电能信息从省公司和各电业局关口系统中获取数据。

系统所获电能量信息数据在省中心存储后，为营销业务管理系统提供数据支持。

二、主站数据流程

主站采集子系统为整个系统的数据中枢系统，采集系统主站数据流程图如图 3-3 所示。

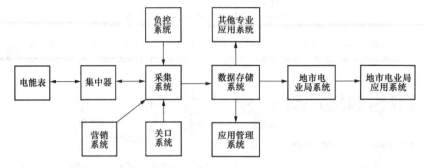

图 3-3　采集系统主站数据流程图

台区低压用户电能表计量数据经由集中器集中采集并进行短时间的存储，再根据一定的采集策略与主站采集服务器通信，将数据传输到主站，存储到数据存储系统中。

负控用户数据经由负控系统采集并存储。主站采集子系统通过接口模式获取负控系统中的电能信息数据。同样关口表电能数据也通过关口系统采集并存储，再通过系统之间的接口获取。采集子系统和营销系统进行通信获取用户基础信息。所有数据集中存储在数据存储子系统中，主站应用管理系统从中获取数据进行分析处理。地市电业局子系统从数据存储子系统中同步所管辖区域的数据；地市电业局应用系统从地市电业局子系统获取数据进行分析处理。

第二节　采 集 点 设 置

黑龙江省电力有限公司电力用户用电信息采集系统（以下简称"采集系统"）要求的浏览器版本为 IE6.0，屏幕显示分辨率 1024×768 及以上。打开 IE，并在相应的地址栏中键入主站 IP 地址，进入采集系统的登录页面，如图 3-4 所示。

图 3-4　采集系统登录界面

根据不同的账号，可以按照不同的权限进入采集系统，并进行相应的操作。进入主页面之后，可以从高级应用—地理信息—图形化应用页面，查看全省采集连接中断的即时概况。

点击主页面中的点击"进入"按钮就进入"图形化应用"界面。

数据采集主要分为基本应用、有序用电、高级应用、运行管理、统计查询、系统管理六大功能，如图 3-5 所示 。

图 3-5　采集系统功能界面

采集点设计包括设计方案审查、采集点勘查和安装方案确定。

一、采集点设计方案审查

采集点设计方案审查就是展示出采集系统的采集点设计方案，并可以查询方案明细，同时具备对采集点设计方案进行审查的功能。

点击"基本应用—采集点设置—采集点设计方案审查"，如图 3-6 所示。

图 3-6　采集点设计方案审查界面

点击每条方案的操作功能；点击功能操作中的"明细"按钮，可以看方案的明细；点击"审核"按钮，可以显示出采集方案的信息，对其进行保存操作，实现审核操作；点击"删除"按钮实现删除功能。采集点设计方案审核如图 3-7 所示。

二、采集点勘查

采集点勘查就是展示出审查通过后的采集点设计方案，然后对采集点进行勘查操作，实现对采集点的勘查功能。

用户可以在这个界面按照电业局、客服中心和时间等，查询出需要勘查的采集点明细，如图 3-8 所示。

点击"基本应用—采集点设置—采集点勘查"。

点击每条方案的操作功能；点击功能操作中的"明细"按钮，可以看方案的明细；点击

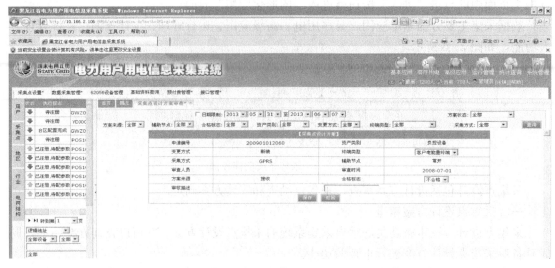

图 3-7　采集点设计方案审核界面

图 3-8　采集点勘查界面

"勘查"按钮,可以填写勘查采集点的基本信息,对其进行保存操作,实现勘查操作,如图 3-9 所示。

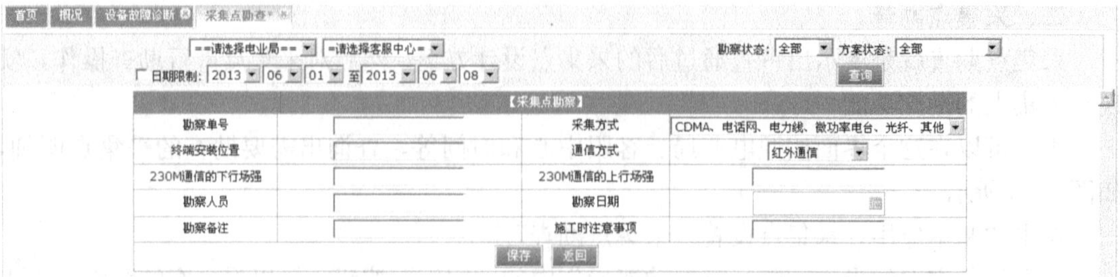

图 3-9　勘查情况查询界面

三、安装方案确定

安装方案确定就是展示出采集系统中的采集点安装方案，然后对采集点安装方案进行审核操作，实现对采集点安装方案的审核功能。

点击"基本应用—采集点设置—安装方案确定"，如图 3-10 所示。

图 3-10　安装方案确定界面

<h1 style="text-align:center">第三节　数据采集管理</h1>

采集策略配置根据任务类型的不同对采集任务进行分类，具体分为定时策略、定制策略。点击"数据采集管理—采集任务编制"，如图 3-11 所示。

图 3-11　采集策略配置界面

用户可以在这个界面按照设备分类查询相应数据，并按照相应策略设定采集任务。

一、采集定时策略

按照相对固定的周期设定的采集任务，采集任务设定的时间间隔自动采集终端数据，其中自动采集时间、间隔、内容、对象可设置。当定时自动数据采集失败时，主站应有自动及人工补采功能，保证数据的完整性。定时策略可分为添加 62056 集抄设备、添加关口主站、添加负控主站、添加关口设备和添加 62056 负控设备。

1. 添加 62056 集抄设备

点击"定时策略"界面中的添加 62056 集抄设备，打开"添加定时集抄"界面，如图 3 - 12所示。

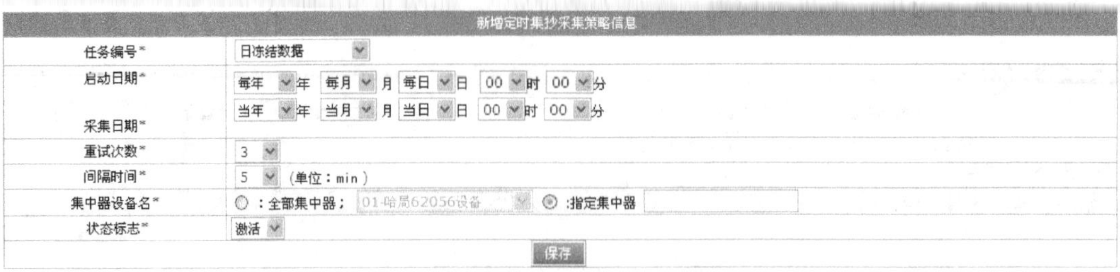

图 3 - 12　添加 62056 集抄设备界面

选择：数据源编号、任务编号、启动日期、采集日期、重试次数、间隔时间、集中器设备名、状态标志，然后点击"保存"按钮。

（1）数据源编号：数据源配置中配置的数据源编号及名称。

（2）任务编号：数据配置类型。

（3）启动日期：定时任务启动时间。

（4）采集日期：采集集中器中数据的日期。

（5）重试次数：采集失败后，重复采集次数。

（6）间隔时间：重复采集时间间隔。

（7）集中器设备名：可选全部集中器或指定集中器。

（8）状态标志：激活、关闭两种状态。

2. 添加关口主站

点击"定时策略"界面中的"添加关口主站"，将打开"添加关口主站"界面，如图 3 - 13 所示。

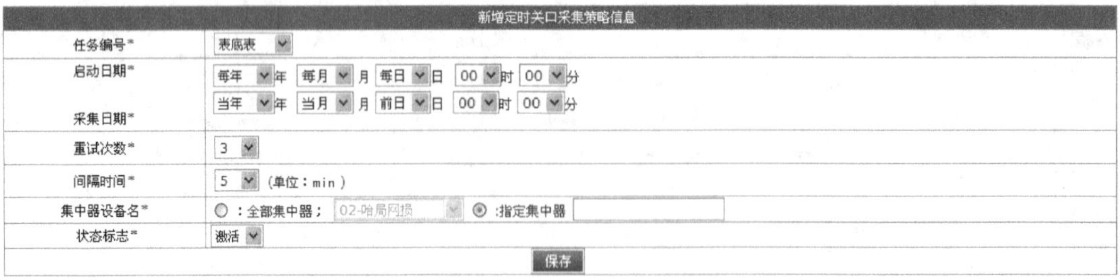

图 3 - 13　添加关口主站界面

选择：数据源编号、任务编号、启动日期、采集日期、重试次数、间隔时间、集中器设备名、状态标志，然后点击保存按钮。

（1）数据源编号：数据源配置中配置的数据源编号及名称。

（2）任务编号：表底数（电表表底数）、峰平谷、电压电流、功率因数、需量表。

（3）启动日期：定时任务启动时间。

（4）采集日期：采集数据的日期。

（5）重试次数：采集失败后，重复采集次数。

（6）间隔时间：重复采集时间间隔。

（7）集中器设备名：可选全部集中器或指定集中器。

（8）状态标志：激活、关闭两种状态。

3．添加负控主站

点击"添加负控主站"界面，如图 3-14 所示。

图 3-14　添加负控主站界面

选择：数据源编号、任务编号、启动日期、采集日期、重试次数、间隔时间、集中器设备名、状态标志，然后点击保存按钮。

（1）数据源编号：数据源配置中配置的数据源编号及名称。

（2）任务编号：0 点表示数、96 点表示数、电压电流功率因数。

（3）启动日期：定时任务启动时间。

（4）采集日期：采集数据的日期。

（5）重试次数：采集失败后，重复采集次数。

（6）间隔时间：重复采集时间间隔。

（7）集中器设备名：可选全部集中器或指定集中器。

（8）状态标志：激活、关闭两种状态。

4．添加关口设备

点击"定时策略"界面中的"添加关口设备"，将打开对应的操作界面，如图 3-15 所示。

图 3-15　添加关口设备界面

选择：任务编号、采集类型、采集时刻、延时时刻、优先级、启动日期、采集开始日期、采集结束日期、重试次数、间隔时间、关口设备名、状态标志，然后点击保存按钮。

（1）任务编号：总电能数据表、电能量数据、上月总电能的最大需量数据、上月电能量的最大需量数据、上月总电能的最大需量发生时间数据、上月电能量的最大需量发生时间数据、断相数据、电压电流功率数据、时间数据、状态字、电表常数、电能起始读数数据时区、时段数据、其他变量数据、线损分析仪的线损数据、历史事件、校时。

（2）采集类型：时段采集、周期采集。

（3）采集时刻：数据采集开始的时间。

（4）延时时刻：启动时间与主站向集中器采数的时间差。

（5）优先级：是否对此项任务优先处理。

（6）启动日期：定时任务启动时间。

（7）采集开始日期：采集数据开始的日期。

（8）采集结束日期：采集数据结束的日期。

（9）重试次数：采集失败后，重复采集次数。

（10）间隔时间：重复采集时间间隔。

（11）关口设备名：可选全部关口设备或指定关口设备。

（12）状态标志：激活、关闭两种状态。

5. 添加 62056 负控设备

点击"定时策略"界面中的"添加 62056 负控设备"，将打开对应的操作界面，如图 3-16 所示。

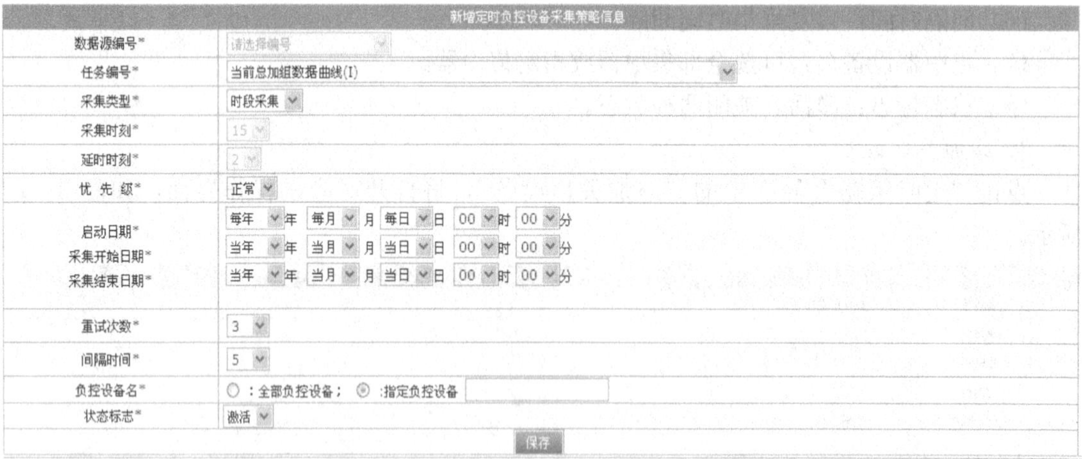

图 3-16　添加 62056 负控设备界面

选择：数据源编号、任务编号、采集类型、采集时刻、延时时刻、优先级、启动日期、采集开始日期、采集结束日期、重试次数、间隔时间、负控设备名、状态标志，然后点击保存按钮。

（1）数据源编号：数据源配置中配置的数据源编号及名称。

（2）任务编号：根据相应采集需要设置。

（3）采集类型：时段采集。

（4）采集时刻：数据采集开始的时间。

（5）延时时刻：启动时间与主站向集中器采数的时间差。

（6）优先级：是否对此项任务优先处理。

（7）启动日期：定时任务启动时间。

（8）采集开始日期：采集数据开始的日期。

（9）采集结束日期：采集数据结束的日期。

（10）重试次数：采集失败后，重复采集次数。

（11）间隔时间：重复采集时间间隔。

（12）负控设备名：可选全部负控设备或指定负控设备。

（13）状态标志：激活、关闭两种状态。

二、采集定制策略

根据实际需要随时设定的数据采集任务分为添加 62056 集抄设备、添加关口主站、添加负控主站、添加关口设备和添加 62056 负控设备，如图 3-17 所示。

图 3-17　定制策略界面

1. 添加 62056 集抄设备

点击"定制策略"界面中的"添加 62056 集抄设备"，将打开"添加 62056 集抄设备"界面，如图 3-18 所示。

图 3-18　添加 62056 集抄设备界面

选择：数据源编号、任务编号、启动日期、采集日期、重试次数、间隔时间、电业局编号、集中器设备名、状态标志，然后点击保存按钮。

（1）任务编号：数据配置类型。

（2）启动日期：定制任务启动时间。

（3）采集日期：采集集中器中数据的日期。

（4）重试次数：采集失败后，重复采集次数。

（5）间隔时间：重复采集时间间隔。

（6）集中器设备名：可选全部集中器或指定集中器。

2. 添加关口主站

点击"定制策略"界面中的"添加关口主站"，将打开"关口"界面，如图 3－19 所示。

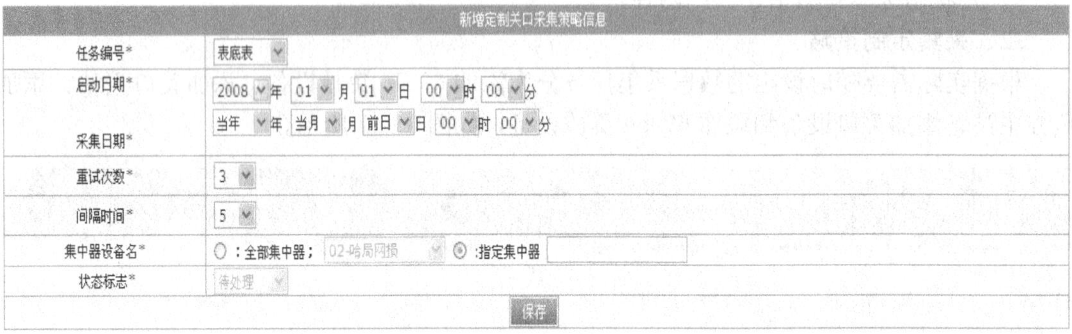

图 3－19　添加关口主站界面

选择：数据源编号、任务编号、启动日期、采集日期、重试次数、间隔时间、电业局编号、集中器设备名、状态标志，然后点击保存按钮。

（1）数据源编号：数据源配置中配置的数据源编号及名称。

（2）任务编号：表底数（电表表底数）、峰平谷、电压电流、功率因数、需量表。

（3）启动日期：定制任务启动时间。

（4）采集日期：采集数据的日期。

（5）重试次数：采集失败后，重复采集次数。

（6）间隔时间：重复采集时间间隔。

（7）集中器设备名：可选全部集中器或指定集中器。

3. 添加负控主站

点击"定制策略"界面中的"添加负控主站"，将打开相应界面，如图 3－20 所示。

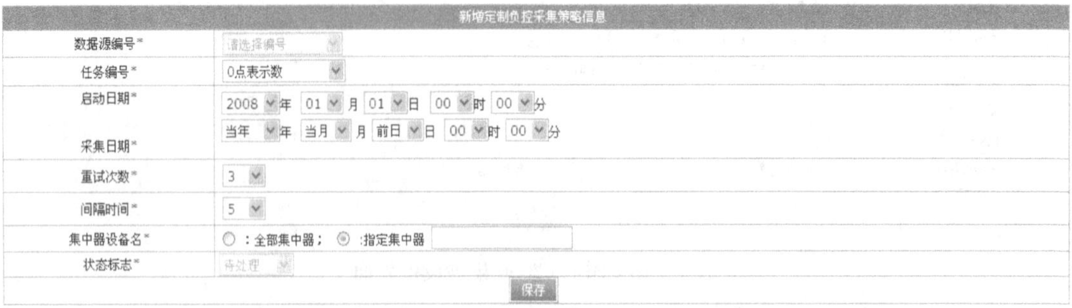

图 3－20　添加负控主站界面

选择：数据源编号、任务编号、启动日期、采集日期、重试次数、间隔时间、电业局编号、集中器设备名、状态标志，后点击保存按钮。

（1）数据源编号：数据源配置中配置的数据源编号及名称。

（2）任务编号：0点表示数、96点表示数、电压电流功率因数。

（3）启动日期：定制任务启动时间。

（4）采集日期：采集数据的日期。

（5）重试次数：采集失败后，重复采集次数。

（6）间隔时间：重复采集时间间隔。

（7）集中器设备名：可选全部集中器或指定集中器。

（8）状态标志：激活、关闭两种状态。

三、采集质量检查

采集质量检查就是采集系统对采集数据完整性、正确性以及采集成功率和完成率情况进行检查、展示，让使用者对自己局的采集状况有一个整体的了解。

点击"基本应用—数据采集管理—采集质量检查"，可以选择日期时段以及通信方式进行查询，点击提交进入采集检查界面，如图 3-21 所示。

序号	电业局名称	日期	电表总数	抄见表数	采集成功率(%)	采集完整率(%)	异常信息
1	哈尔滨电业局	2013-07-03	2049530	2001467	97.65	99.92	无
2	哈尔滨电业局	2013-07-02	2048149	2007079	97.99	99.92	无
3	哈尔滨电业局	2013-07-01	2042802	2001972	98.0	99.93	无
4	哈尔滨电业局	2013-06-30	2037395	1998582	98.09	99.93	无
5	哈尔滨电业局	2013-06-29	2037364	1997920	98.06	99.89	无
6	哈尔滨电业局	2013-06-28	2037206	1999991	98.17	99.89	无
7	哈尔滨电业局	2013-06-27	2033567	1995144	98.11	99.87	无

总计7条记录 【10条/页】【第1页/共1页】转到 1 ▼ 页 go

图 3-21　质量检查界面

1. 数据补采

数据补采功能是针对采集失败、数据不完整、数据异常的数据进行重新补采的操作。

点击"基本应用—数据采集管理—数据补采"，如图 3-22 所示。

图 3-22　数据补采界面

2. 重点用户监测

重点用户监测功能是对在配置电表中配置了重点表的用户列出，然后提供直接查询重点用户日冻结的操作功能，对重点用户提供用电情况跟踪、查询和分析功能。

点击"基本应用—数据采集管理—重点用户监测"。

3. 采集点监测

采集点监测功能是查询出采集系统中的所有集中器或者采集器上下线频繁的设备明细。

点击“基本应用—数据采集管理—采集点监测”，可以按日按周按月进行查询，如果不选择电业局则是默认显示所有电业局监测情况。点击“提交”进入界面，如图 3-23 所示。

序号	电业局名称	电业局编号	集中器总数	上下线异常	流量异常
1	绥化市郊农电局	23408	221	1	0
2	兴凯湖电业局	23430	1400	2	0
	合计		1621	3	0

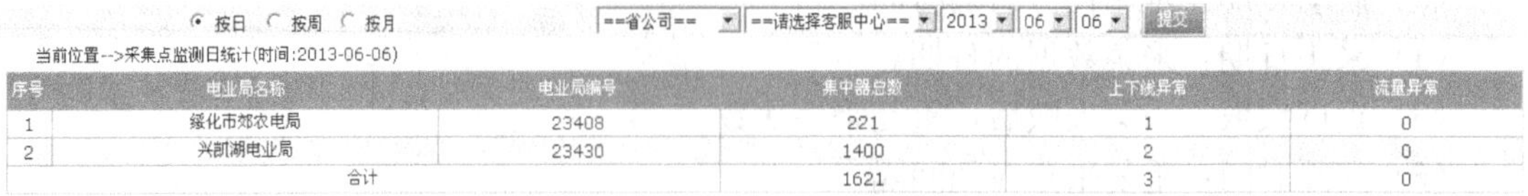

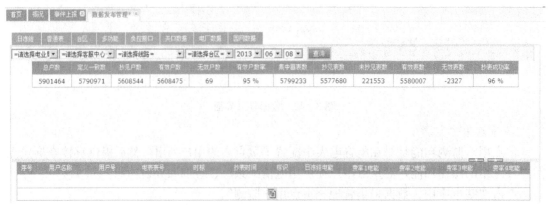

图 3-23　监测界面

4. 数据召测

数据召测是对采集设备进行召测，这个功能是根据实际需要随时人工召测数据，将现场的采集设备中的数据召测到采集系统中的功能。

点击“基本应用—数据采集管理—数据召测（召测就查询集中器内的参数）”，从左侧选择测量点，进入“召测”界面。

5. 批量巡测

批量巡测功能是对采集设备进行检测，主要是检测采集设备是上线还是下线状态，以及采集系统连接是否正常的功能。

点击“基本应用—数据采集管理—批量巡测”，进入“巡测”界面，必须选择电业局以及客服中心才能进行查询。

6. 事件上报

事件上报功能是对采集设备中出现的事件进行上报，主要将存在采集事件的设备查询出来，然后进行上报操作。

点击“基本应用—数据采集管理—事件上报”。

7. 数据发布管理

数据发布管理功能可以展示出采集设备的各种采集曲线数据。

点击“基本应用—数据采集管理—数据发布管理”，对采集数据进行分类并提供数据共享，分为日冻结数据发布、普通表数据发布、台区数据发布、多功能表数据发布、关口数据发布、负控表数据发布、电厂数据发布、国网数据发布，如图 3-24 所示。

总户数	定义一致数	抄见户数	有效户数	无效户数	有效户数率	集中器表数	抄见表数	未抄见表数	有效表数	无效表数	抄表成功率
5901464	5790971	5608544	5608475	69	95 %	5799233	5577680	221553	5580007	-2327	96 %

序号	用户名称	用户号	电表表号	时标	抄表时间	标识	日冻结电能	费率1电能	费率2电能	费率3电能	费率4电能

图 3-24　数据发布管理界面

四、62056 设备管理

设备查询功能主要是对采集设备进行查询，可以查询出采集设备的状态、抄表成功率等。

点击"基本应用—62056 设备管理—设备查询"，设备查询方式有：电业局查询、供电局查询、线路查询、台区查询、厂家查询、厂家和电业局查询、厂家和供电局查询、厂家和线路查询、厂家和台区查询，以按电业局查询为例，点击设备管理—62056 设备管理—设备查询。

第四章 有 序 用 电

为落实科学发展观，加强电力需求侧管理，确保电网安全稳定运行，保障社会用电的秩序，根据《中华人民共和国电力法》《电力供应与使用条例》《电网调度管理条例》等法律法规，制定有序用电办法。有序用电，是指在电力供应不足、突发事件等情况下，通过行政措施、经济手段、技术方法，依法控制部分用电需求，维护供用电秩序平稳的管理工作。有序用电工作遵循安全稳定、有保有限、注重预防的原则。

第一节 指标和方案管理

各省级电力运行主管部门应组织指导省级电网企业等相关单位，根据年度电力供需平衡预测和国家有关政策，确定年度有序用电调控指标，并分解下达各地市电力运行主管部门。国家发展和改革委员会负责全国有序用电管理工作，国务院其他有关部门在各自职责范围内负责相关工作。县级以上人民政府电力运行主管部门负责本行政区域内的有序用电管理工作，县级以上地方人民政府其他有关部门在各自职责范围内负责相关工作。

一、指标管理

指标管理包括指标制定、指标审核和指标下达。

1. 指标制定

指标制定功能主要是对采集系统的指标制定信息进行展示的功能。

点击"有序用电—指标管理—指标制定"，可查询指标制定信息明细，如图 4-1 所示。

首页	概况	指标制定 ×									
当前位置-->有序用电指标制定											新增
序号	指标年度	预警等级	指标类型	统调最大负荷	统调最大电量	有序用电指标	编制单位	编制人	编制时间	状态	功能
1	2012	蓝色	电量指标	45	45	40	营销部	杨晓源	2011-12-16 10:31:31	已执行	查询
2	2013	蓝色	电量指标	50	50	45	营销部	杨晓源	2012-12-03 10:22:20	待审批	查询
3	2010	蓝色	电量指标	40	40	38	营销部	杨晓源	2009-12-23 10:22:30	已执行	查询
4	2011	蓝色	电量指标	42	42	38	营销部	杨晓源	2010-12-24 09:14:13	已执行	查询
				首页 上页 下页 尾页		1/1					

图 4-1 指标制定界面

2. 指标审核

指标审核功能主要是对采集系统的有序用电指标进行审核的功能。

点击"有序用电—指标管理—指标审核"，可查询指标审核信息明细，如图 4-2 所示。

3. 指标下达

指标下达功能主要是对采集系统的有序用电指标进行下达的功能。

点击"有序用电—指标管理—指标下达"，可查询指标下达信息明细，如图 4-3 所示。

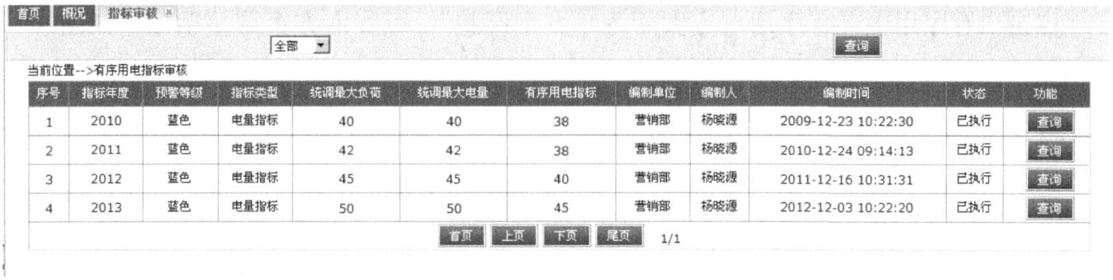

图 4-2　指标审核界面

图 4-3　指标下达界面

二、有序用电方案管理

各地市电力运行主管部门应组织指导电网企业，根据调控指标编制本地区年度有序用电方案。地市级有序用电方案应定用户、定负荷、定线路。

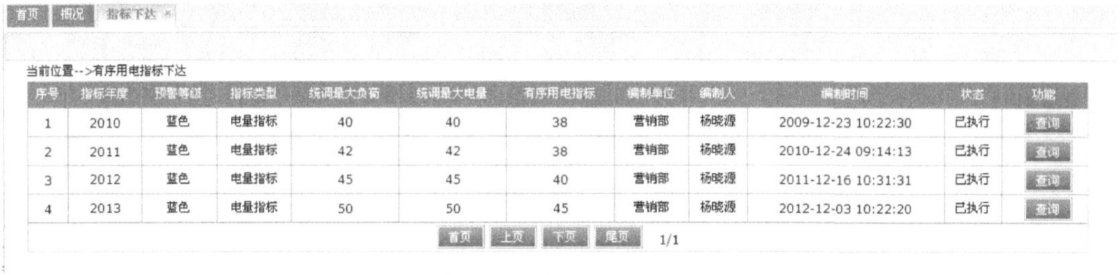

1. 方案编审

方案编审功能主要是对采集系统有序用电的方案进行编辑和审核，有序用电方案是对电力用户的用电负荷进行有序控制，并可对重要用户采取保电措施。

点击"有序用电—有序用电方案管理—方案编审"，可查询方案编审明细，如图 4-4所示。

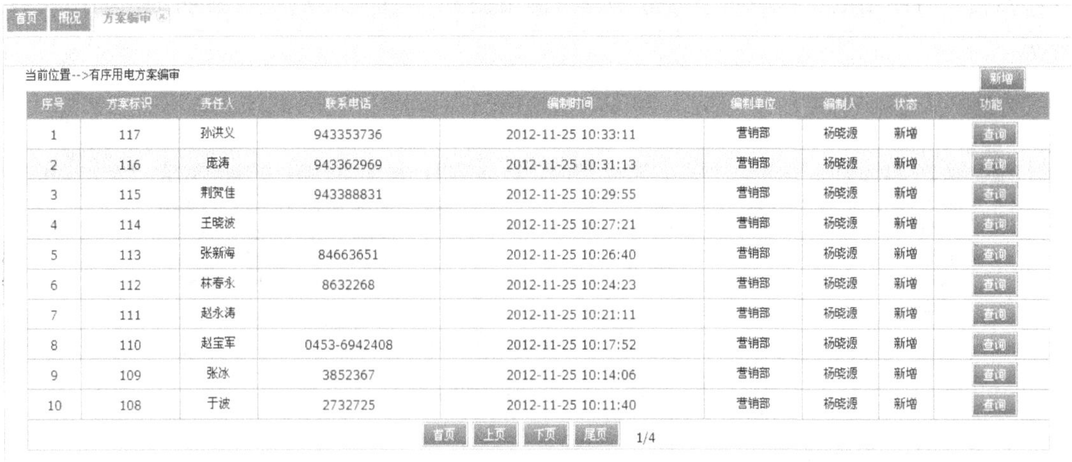

图 4-4　方案编审界面

2. 方案调整

方案调整功能主要是对采集系统的有序用电的方案进行调整的功能。

点击“有序用电—有序用电方案管理—方案调整”，可查询方案调整明细，如图 4-5 所示。

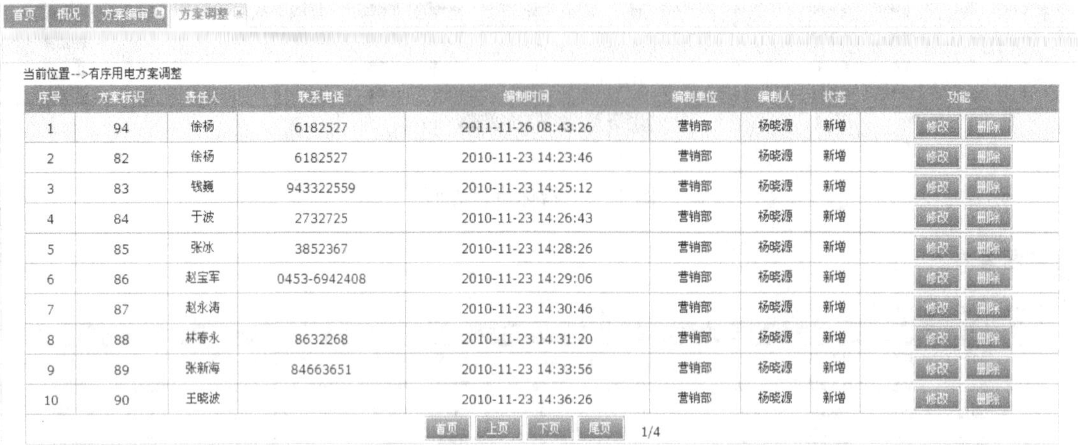
首页 | 概况 | 方案编审 | 方案调整

当前位置-->有序用电方案调整

序号	方案标识	责任人	联系电话	编制时间	编制单位	编制人	状态	功能
1	94	徐杨	6182527	2011-11-26 08:43:26	营销部	杨晓源	新增	修改 删除
2	82	徐杨	6182527	2010-11-23 14:23:46	营销部	杨晓源	新增	修改 删除
3	83	钱巍	943322559	2010-11-23 14:25:12	营销部	杨晓源	新增	修改 删除
4	84	于波	2732725	2010-11-23 14:26:43	营销部	杨晓源	新增	修改 删除
5	85	张冰	3852367	2010-11-23 14:28:26	营销部	杨晓源	新增	修改 删除
6	86	赵宝军	0453-6942408	2010-11-23 14:29:06	营销部	杨晓源	新增	修改 删除
7	87	赵永涛		2010-11-23 14:30:46	营销部	杨晓源	新增	修改 删除
8	88	林春永	8632268	2010-11-23 14:31:20	营销部	杨晓源	新增	修改 删除
9	89	张新海	84663651	2010-11-23 14:33:56	营销部	杨晓源	新增	修改 删除
10	90	王晓波		2010-11-23 14:36:26	营销部	杨晓源	新增	修改 删除

首页 上页 下页 尾页 1/4

图 4-5　方案调整界面

第二节　有序用电任务

各级电力运行主管部门不得在有序用电方案中滥用限电、拉闸措施，影响正常的社会生产生活秩序。编制年度有序用电方案原则上应按照先错峰、后避峰、再限电、最后拉闸的顺序安排电力电量平衡。

一、有序用电任务编制

1. 群组设置

群组设置功能主要是对采集系统的有序用电的群组进行设置的功能。

点击“有序用电—有序用电任务编制—群组设置”，可查询群组设置明细，如图 4-6 所示。

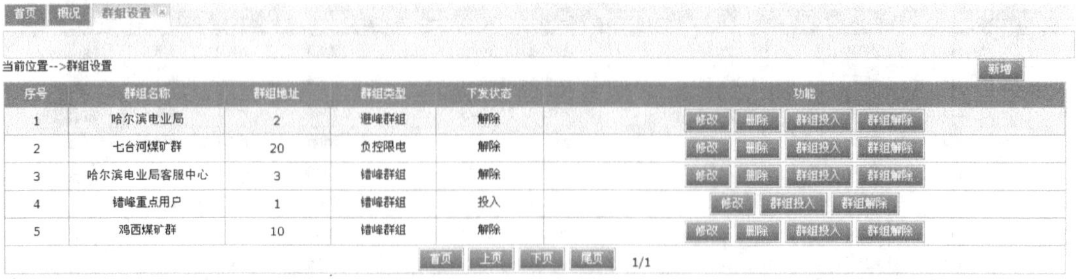
首页 | 概况 | 群组设置

当前位置-->群组设置　新增

序号	群组名称	群组地址	群组类型	下发状态	功能
1	哈尔滨电业局	2	避峰群组	解除	修改 删除 群组投入 群组解除
2	七台河煤矿群	20	负控限电	解除	修改 删除 群组投入 群组解除
3	哈尔滨电业局客服中心	3	错峰群组	解除	修改 删除 群组投入 群组解除
4	错峰重点用户	1	错峰群组	投入	修改 群组投入 群组解除
5	鸡西煤矿群	10	错峰群组	解除	修改 删除 群组投入 群组解除

首页 上页 下页 尾页 1/1

图 4-6　群组设置界面

2. 时段控模板管理

时段控模板管理功能主要是对采集系统有序用电的时段控模板进行管理的功能。

点击“有序用电—有序用电任务编制—时段控模板管理”，可查询时段控模板管理明细，如图 4-7 所示。

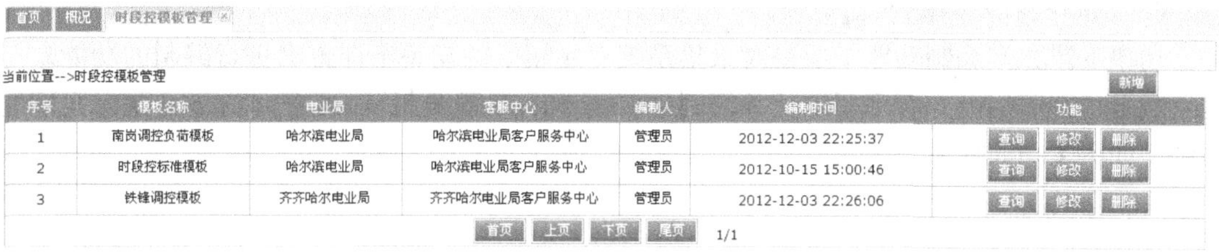

图 4-7　时段控模板管理界面

3. 时段控方案编制

时段控方案编制功能主要是对采集系统的有序用电的时段控方案进行编制的功能。

点击"有序用电—有序用电任务编制—时段控方案编制",可查询时段控方案编制明细,如图 4-8 所示。

图 4-8　时段控方案编制界面

4. 厂休控模板管理

厂休控模板管理功能主要是对采集系统有序用电的厂休控模板进行管理的功能。

点击"有序用电—有序用电任务编制—厂休控模板管理",可查询厂休控模板管理明细,如图 4-9 所示。

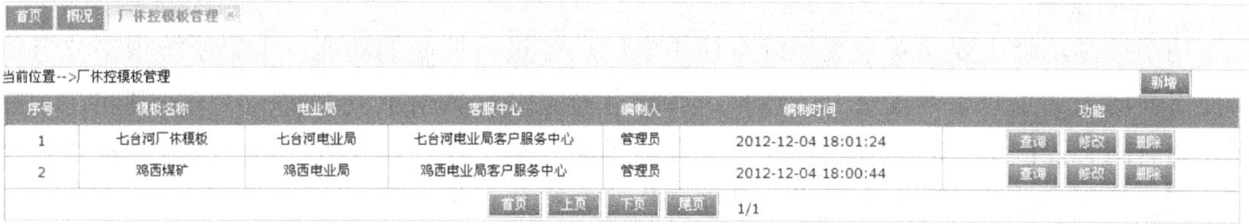

图 4-9　厂休控模板管理界面

5. 厂休控方案编制

厂休控方案编制功能主要是对采集系统有序用电的厂休控方案进行编制的功能。

点击"有序用电—有序用电任务编制—厂休控方案编制",可查询厂休控方案编制明细,如图 4-10 所示。

图 4-10　厂休控方案编制界面

6. 功率下浮方案编制

功率下浮方案编制功能主要是对采集系统有序用电的功率下浮方案进行编制的功能。

点击"有序用电—有序用电任务编制—功率下浮方案编制",可查询功率下浮方案编制明细,如图4-11所示。

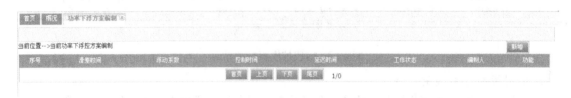

图4-11　功率下浮方案编制界面

7. 电量定值控方案编制

电量定值控方案编制功能主要是对采集系统有序用电的电量定时控方案进行编制的功能。

点击"有序用电—有序用电任务编制—电量定值控方案编制",可查询电量定值控方案编制明细,如图4-12所示。

图4-12　电量定值控方案编制界面

二、有序用电任务执行

1. 功率控制

功率控制功能主要是对采集系统有序用电的功率进行控制的功能。采集系统根据业务需要提供面向采集点对象的控制方式选择,管理并设置终端负荷定值参数、开关控制轮次、控制开始时间、控制结束时间等控制参数,并通过向终端下发控制投入,集中管理终端执行功率控制。控制参数及控制命令下发、开关动作应有操作记录。

点击"有序用电—有序用电任务执行—功率控制",可查询功率控制信息,如图4-13所示。

首页	概况	功率控制

时段控	厂修措停	控制设置	紧急下浮	轮次设置

逻辑地址:　　　　群组地址:|错峰重点用户▼|

				功控时段				
不控　● 控1　● 控2　　保留　请先选择控制类型,点击时段下的按钮进行操作。								
功率时段	00:00-00:30	00:30-01:00	01:00-01:30	01:30-02:00	02:00-02:30	02:30-03:00	03:00-03:30	03:30-04:00
功控	保留	保留	保留	保留	保留	保留	保留	保留
功率时段	04:00-04:30	04:30-05:00	05:00-05:30	05:30-06:00	06:00-06:30	06:30-07:00	07:00-07:30	07:30-08:00
功控	保留	保留	保留	保留	保留	保留	保留	保留
功率时段	08:00-08:30	08:30-09:00	09:00-09:30	09:30-10:00	10:00-10:30	10:30-11:00	11:00-11:30	11:30-12:00
功控	保留	保留	保留	保留	保留	保留	保留	保留
功率时段	12:00-12:30	12:30-13:00	13:00-13:30	13:30-14:00	14:00-14:30	14:30-15:00	15:00-15:30	15:30-16:00
功控	保留	保留	保留	保留	保留	保留	保留	保留
功率时段	16:00-16:30	16:30-17:00	17:00-17:30	17:30-18:00	18:00-18:30	18:30-19:00	19:00-19:30	19:30-20:00
功控	保留	保留	保留	保留	保留	保留	保留	保留
功率时段	20:00-20:30	20:30-21:00	21:00-21:30	21:30-22:00	22:00-22:30	22:30-23:00	23:00-23:30	23:30-24:00

图4-13　功率控制界面

2. 终端遥控

终端遥控功能主要是对采集系统有序用电的终端进行遥控的功能，采集系统可以根据需要向终端或电能表下发遥控跳闸命令，控制用户开关跳闸，遥控跳闸命令包含告警延时时间和限电时间，控制命令可以按单地址或组地址进行操作。

点击"有序用电—有序用电任务执行—终端遥控"，可查询终端遥控信息，如图 4-14 所示。

图 4-14　终端遥控界面

3. 终端保电

终端保电功能主要是对采集系统有序用电的终端进行保电的功能，采集系统可以向终端下发保电投入命令，保证终端的被控开关在任何情况下不执行任何跳闸命令。

点击"有序用电—有序用电任务执行—终端保电"，可查询终端保电信息，如图 4-15 所示。

图 4-15　终端保电界面

4. 终端剔除

终端剔除功能主要是对采集系统有序用电终端进行剔除的功能，采集系统可以向终端下发剔除投入命令，使终端处于剔除状态，此时终端对任何广播命令和组地址命令（除对时命令外）均不响应。

点击"有序用电—有序用电任务执行—终端剔除"，可查询终端剔除信息，如图 4-16 所示。

5. 营业报停控

营业报停控功能主要是对采集系统的有序用电营业报停进行控制的功能。

点击"有序用电—有序用电任务执行—营业报停控"，可查询营业报停控信息，如图 4-17 所示。

图 4 - 16　终端剔除界面

图 4 - 17　营业报停控界面

6. 电量定值控

电量定值控功能主要是对采集系统有序用电电量定值进行控制的功能。

点击"有序用电—有序用电任务执行—电量定值控",可查询电量定值控信息,如图 4 - 18 所示。

图 4 - 18　电量定值控界面

7. 中文通知

中文通知主要是对采集系统有序用电进行中文通知的功能。

点击"有序用电—有序用电任务执行—中文通知",可查询中文通知信息,如图 4 - 19 所示。

图 4 - 19　中文通知界面

8. 有序用电操作日志

有序用电操作日志主要是对采集系统有序用电的操作日志进行展示的功能。

点击"有序用电—有序用电任务执行—有序用电操作日志",可查询有序用电操作日志信息,如图4-20所示。

图4-20　有序用电操作日志界面

三、有序用电任务解除

1. 功率控制

功率控制功能主要是对采集系统的有序用电功率进行控制的功能,采集系统根据业务需要提供面向采集点对象的控制方式选择,管理并设置终端负荷定值参数、开关控制轮次、控制开始时间、控制结束时间等控制参数,并通过向终端下发控制解除命令,集中管理终端执行功率控制。控制参数及控制命令下发、开关动作应有操作记录。

点击"有序用电—有序用电任务解除—功率控制",可查询功率控制信息,如图4-21所示。

图4-21　功率控制界面

2. 终端遥控

终端遥控功能主要是对采集系统的有序用电的终端进行遥控的功能,采集系统可以根据需要向终端或电能表下发允许合闸命令,由用户自行闭合开关,遥控跳闸命令包含告警延时时间和限电时间,控制命令可以按单地址或组地址进行操作。

点击"有序用电—有序用电任务解除—终端遥控",可查询终端遥控信息,如图4-22所示。

首页	概况	终端遥控		
	○逻辑地址　○群组地址 错峰重点用户▼			
遥控				
控制轮次			投入	
第一轮			□	
第二轮			□	
第三轮			□	
第四轮			□	
第五轮			□	
第六轮			□	
第七轮			□	
第八轮			□	
	⊙允许合闸			
	下发			

图4-22　终端遥控界面

3. 终端保电

终端保电功能主要是对采集系统的有序用电终端进行保电的功能，采集系统可以向终端下发保电解除命令使终端恢复正常受控状态。

点击"有序用电—有序用电任务解除—终端保电"，可查询终端保电信息，如图 4-23 所示。

图 4-23　终端保电界面

4. 终端剔除

终端剔除功能主要是对采集系统有序用电终端进行剔除的功能，主采集系统可以向终端下发剔除解除命令使终端解除剔除状态，返回正常状态。

点击"有序用电—有序用电任务解除—终端剔除"，可查询终端剔除信息，如图 4-24 所示。

图 4-24　终端剔除界面

5. 中文通知

中文通知功能主要是对采集系统有序用电进行中文通知的功能。

点击"有序用电—有序用电任务解除—中文通知"，可查询中文通知信息，如图 4-25 所示。

图 4-25　中文通知界面

第三节　用电分析和预警信息发布

一、用电分析

用电分析包括缺口分析、负荷率改善情况分析和执行效果分析。

1. 用电缺口分析

用电缺口分析功能主要是对采集系统有序用电缺口进行分析和展示的功能。

点击"有序用电—有序用电分析—用电缺口分析",可查询用电缺口分析信息,如图 4 - 26 所示。

图 4 - 26　用电缺口分析界面

2. 负荷率改善情况分析

负荷率改善情况分析功能主要是对采集系统有序用电负荷率改善情况分析和展示的功能。

点击"有序用电—有序用电分析—负荷率改善情况分析",可查询负荷率改善情况分析信息,如图 4 - 27 所示。

图 4 - 27　负荷率改善情况分析界面

3. 执行效果分析

执行效果分析功能主要是对采集系统有序用电执行效果分析和展示的功能。

点击"有序用电—有序用电分析—执行效果分析",可查询执行效果分析信息,如图 4 - 28 所示。

图 4 - 28　执行效果分析界面

二、有序用电信息发布

预警发布信息编制功能主要是对采集系统有序用电预警发布信息进行编制的功能。

点击"有序用电—有序用电信息发布—预警发布信息编制",可查询预警发布信息编制信息,如图 4-29 所示。

图 4-29　预警发布信息编制界面

第五章 采集高级应用

第一节 采集设备

采集设备功能包括费控、日冻结实时查询、直抄表、数据抽采。

一、费控

费控功能主要是对采集系统的所有设备进行阀控操作，包括停电、预停电、送电等的功能。费控功能需要由主站、终端、电能表多个环节协调执行。

费控功能可以实时对电表进行停电、送电，如图5-1所示。

图5-1 阀控实时查询界面

二、日冻结实时查询

日冻结实时查询功能主要是对现场的集中器或者采集器进行实时的日冻结查询。

根据用户编号或电表地址、时段查询用户用电情况，如图5-2所示。

图5-2 日冻结实时查询界面

查询用户信息显示：用户名称、集中器地址、所在电业局、所在供电局、所在线路、所在台区以及用户历史用电信息（正向总有功电能）。

三、直抄表

直抄表功能主要是透过现场的集中器或者采集器对现场电表进行实时直接抄电能表的正向有功数据的功能。

直抄表根据电表地址或用户编号对用户电表进行实时抄读，如图5-3所示。

[直抄电表]	
选择输入	⊙ 电表地址 ○ 用户编号 ○ 逻辑地址(批量直抄)
查询	

图5-3 直抄表界面

四、数据抽采

数据抽采功能主要是对现场的集中器或者采集器进行实时采集的功能。

公变数据抽采可以对某台区下多个用户或单个用户进行查询，显示用户编号、电表地址、正向有功电能以及抄表时间，如图 5 - 4 所示。

| 请选择客服中心* | 绥化市郊电业局 ▼ 市郊 ▼ 0850032015 红星一队 ▼ 选择用户 |
| 任务编号* | 日冻结数据 ▼ |

执行

	采集成功，任务结束！		
总户数：4		成功数：4	成功率：100.00%
序号	用户编号	电表地址	正向有功电能	抄表时间
1	0665031634	084400540446	5319.03	2013-06-07 00:12:33
2	0665031636	084401226446	8221.15	2013-06-07 00:10:36
3	0665031638	084401291946	4110.85	2013-06-07 00:10:13
4	0665031639	084401056046	4507.53	2013-06-07 00:10:02

图 5 - 4　公变数据抽采界面

专变数据抽采可以选择电业局及和客服中心以及相对应的用户进行查询，执行后界面如图 5 - 5 所示。

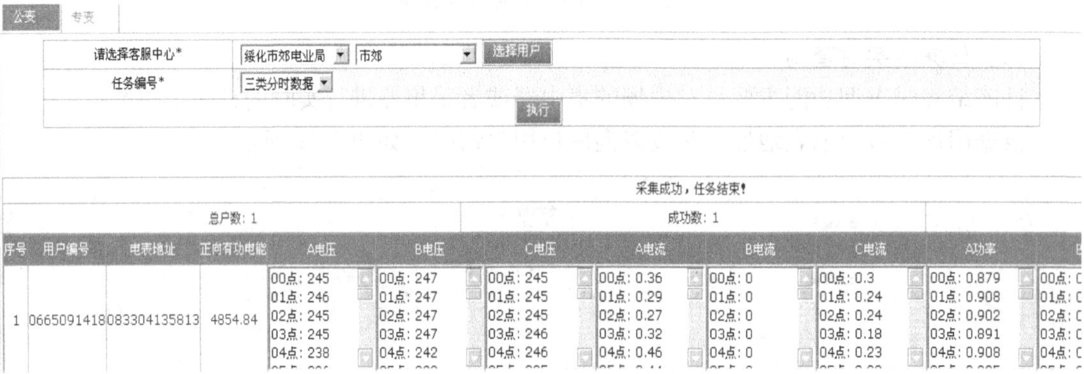

公变	专变	
请选择客服中心*	绥化市郊电业局 ▼ 市郊 ▼ 选择用户
任务编号*	三类分时数据 ▼

执行

				采集成功，任务结束！						
				总户数：1				成功数：1		
序号	用户编号	电表地址	正向有功电能	A电压	B电压	C电压	A电流	B电流	C电流	AI功率	B
1	0665091418	083304135813	4854.84	00点：245 01点：246 02点：245 03点：245 04点：238	00点：247 01点：247 02点：245 03点：247 04点：242	00点：245 01点：245 02点：246 03点：246 04点：246	00点：0.36 01点：0.29 02点：0.27 03点：0.32 04点：0.46	00点：0 01点：0.24 02点：0 03点：0.18 04点：0.23	00点：0.3 01点：0.24 02点：0.23 03点：0.25	00点：0.879 01点：0.908 02点：0.902 03点：0.891 04点：0.908	00点： 01点：0.908 02点：0.9 03点：0.908

图 5 - 5　专变数据抽采界面

第二节　线　损　分　析

线损是供电企业一项重要的经营质效指标，也是衡量供电企业综合管理水平的重要标志。供电企业的主要任务就是要安全输送与合理地分配电能，并力求尽量减少电能损失，以取得良好的社会效益与企业的经济效益。线损率的高低，不仅表明供电系统技术水平的高低，还能反映企业管理水平的好坏，加强线损管理是我们的一项重要工作。加强线损管理对保护供用电双方的合法权益和树立供电企业的良好形象有着十分重要的意义。

一、线损模型设计

线损模型设计功能主要是对采集系统中的线损模型进行设计的功能。

点击"高级应用—线损分析—线损模型设计"，进入查询界面后可选择查询日期，查询界面如图 5-6 所示。

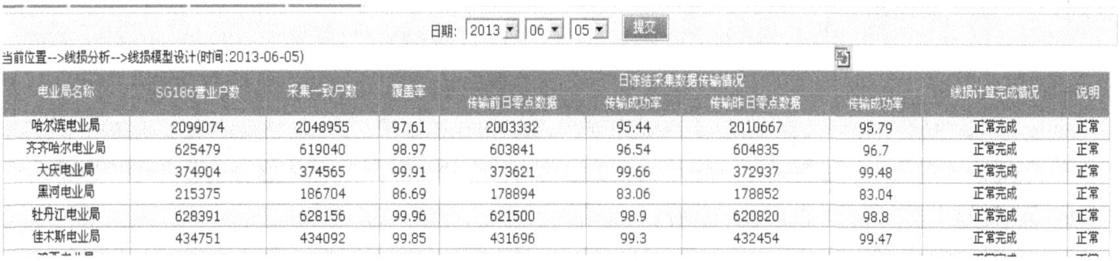

电业局名称	SG186营业户数	采集一致户数	覆盖率	传输前日零点数据	传输成功率	传输昨日零点数据	传输成功率	线损计算完成情况	说明
哈尔滨电业局	2099074	2048955	97.61	2003332	95.44	2010667	95.79	正常完成	正常
齐齐哈尔电业局	625479	619040	98.97	603841	96.54	604835	96.7	正常完成	正常
大庆电业局	374904	374565	99.91	373621	99.66	372937	99.48	正常完成	正常
黑河电业局	215375	186704	86.69	178894	83.06	178852	83.04	正常完成	正常
牡丹江电业局	628391	628156	99.96	621500	98.9	620820	98.8	正常完成	正常
佳木斯电业局	434751	434092	99.85	431696	99.3	432454	99.47	正常完成	正常

图 5-6 线损模型设计界面

二、线损综合分析

线损综合分析功能主要是对采集系统中的线损数据进行综合分析的功能。

点击"高级应用—线损分析—线损综合分析",包括线路线损和台区线损,进入查询界面后可选择查询日期、电业局、线路,查询界面如图 5-7 所示。

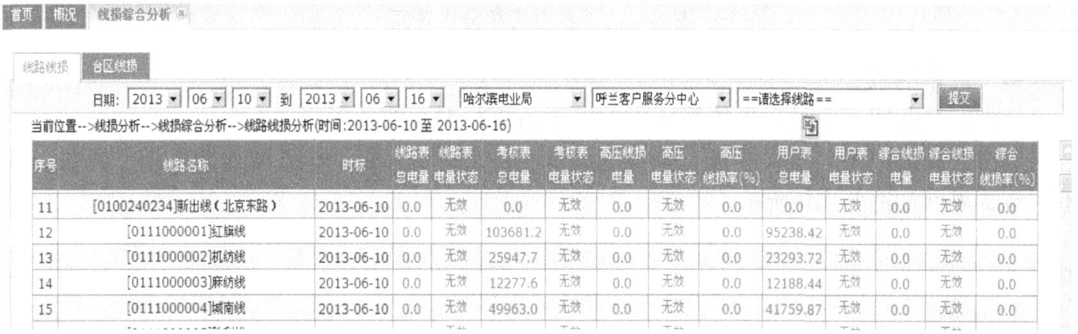

图 5-7 线损综合分析界面

三、线损考核分析

线损考核分析功能主要是对采集系统中的线损数据进行线损考核和分析的功能。

点击"高级应用—线损分析—线损考核分析—线损日考核分析",选择相对应的日期进行查询,如图 5-8 所示。

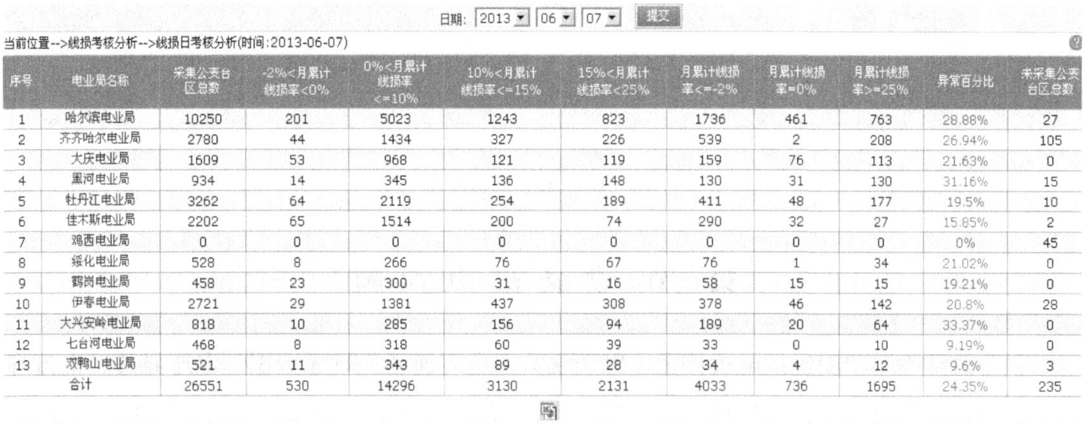

序号	电业局名称	采集公变台区总数	-2%<月累计线损率<0%	0%<月累计线损率<=10%	10%<月累计线损率<15%	15%<月累计线损率<25%	月累计线损率<=-2%	月累计线损率=0%	月累计线损率>=25%	异常百分比	未采集公变台区总数
1	哈尔滨电业局	10250	201	5023	1243	823	1736	461	763	28.88%	27
2	齐齐哈尔电业局	2780	44	1434	327	226	539	2	208	26.94%	105
3	大庆电业局	1609	53	968	121	119	159	76	113	21.63%	0
4	黑河电业局	934	14	345	136	148	130	31	130	31.16%	15
5	牡丹江电业局	3262	64	2119	254	189	411	48	177	19.5%	10
6	佳木斯电业局	2202	65	1514	200	74	290	32	27	15.85%	2
7	鸡西电业局	0	0	0	0	0	0	0	0	0%	45
8	绥化电业局	528	8	266	76	67	76	1	34	21.02%	0
9	鹤岗电业局	458	23	300	31	16	58	15	15	19.21%	0
10	伊春电业局	2721	29	1381	437	308	378	46	142	20.8%	28
11	大兴安岭电业局	818	10	285	156	94	189	20	64	33.37%	0
12	七台河电业局	468	8	318	60	39	33	0	10	9.19%	0
13	双鸭山电业局	521	11	343	89	28	34	4	12	9.6%	3
	合计	26551	530	14296	3130	2131	4033	736	1695	24.35%	235

图 5-8 线损日考核分析界面

点击“高级应用—线损分析—线损考核分析—线损月考核分析”，选择相对应的月进行查询，如图 5-9 所示。

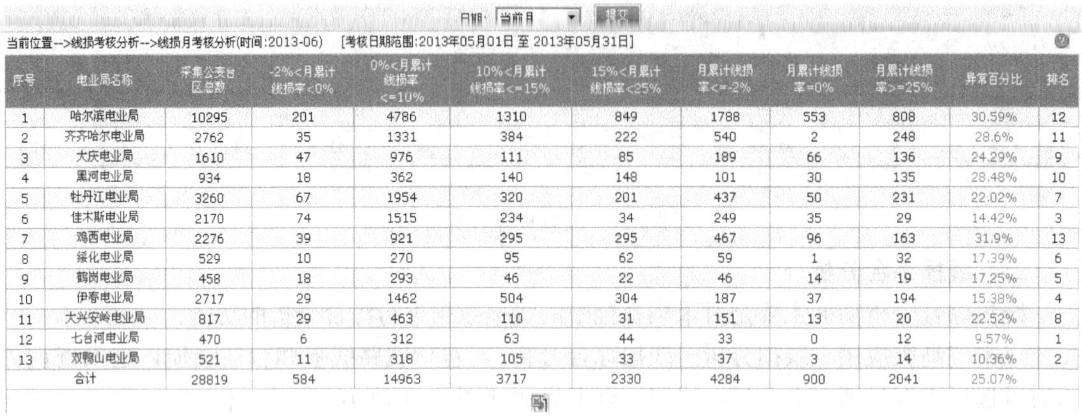
月期: 当前月 提交

当前位置-->线损考核分析-->线损月考核分析(时间:2013-06) [考核日期范围:2013年05月01日 至 2013年05月31日]

序号	电业局名称	采集公变台区总数	-2%<月累计线损率<0%	0%<月累计线损率<=10%	10%<月累计线损率<=15%	15%<月累计线损率<25%	月累计线损率<=-2%	月累计线损率=0%	月累计线损率>=25%	异常百分比	排名
1	哈尔滨电业局	10295	201	4786	1310	849	1788	553	808	30.59%	12
2	齐齐哈尔电业局	2762	35	1331	384	222	540	2	248	28.6%	11
3	大庆电业局	1610	47	976	111	85	189	66	136	24.29%	9
4	黑河电业局	934	18	362	140	148	101	30	135	28.48%	10
5	牡丹江电业局	3260	67	1954	320	201	437	50	231	22.02%	7
6	佳木斯电业局	2170	74	1515	234	34	249	35	29	14.42%	3
7	鸡西电业局	2276	39	921	295	295	467	96	163	31.9%	13
8	绥化电业局	529	10	270	95	62	59	1	32	17.39%	6
9	鹤岗电业局	458	18	293	46	22	46	14	19	17.25%	5
10	伊春电业局	2717	29	1462	504	304	187	37	194	15.38%	4
11	大兴安岭电业局	817	29	463	110	31	151	13	20	22.52%	8
12	七台河电业局	470	6	312	63	44	33	0	12	9.57%	1
13	双鸭山电业局	521	11	318	105	33	37	3	14	10.36%	2
合计		28819	584	14963	3717	2330	4284	900	2041	25.07%	

图 5-9 线损月考核分析界面

四、全省电量

全省电量功能主要是对采集系统中的电量值进行展示的功能。

点击“高级应用—全省电量—全省电量”，进入查询界面后可选择查询日期、月份、年份，查询界面如图 5-10 所示。

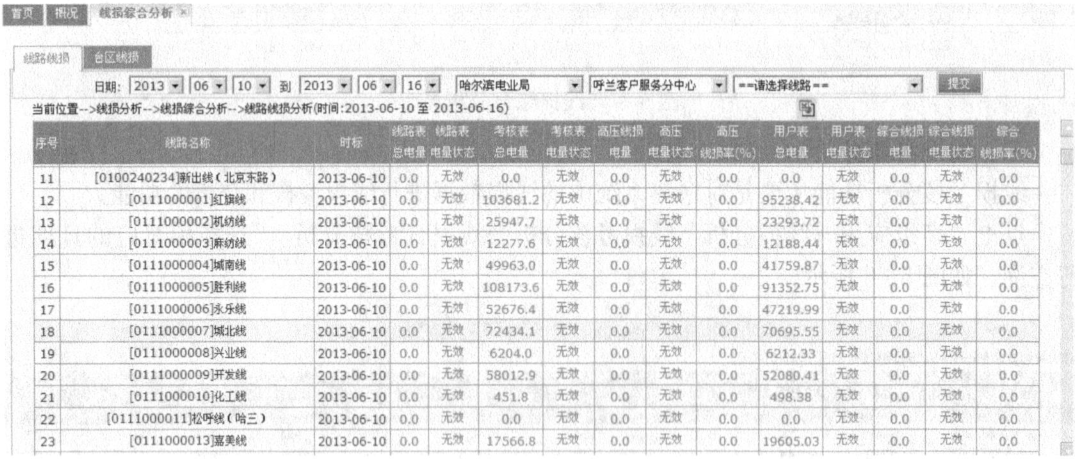
首页 概况 线损综合分析

线路线损 台区线损

日期: 2013 06 10 到 2013 06 16 哈尔滨电业局 呼兰客户服务分中心 ==请选择线路== 提交

当前位置-->线损分析-->线损综合分析-->线路线损分析(时间:2013-06-10 至 2013-06-16)

序号	线路名称	时标	线路表总电量	线路表电量状态	考核表总电量	考核表电量状态	高压线损电量	高压电量状态	高压线损率(%)	用户表总电量	用户表电量状态	综合线损电量	综合线损电量状态	综合线损率(%)
11	[0100240234]新出线（北京东路）	2013-06-10	0.0	无效	0.0	无效	0.0	无效	0.0	0.0	无效	0.0	无效	0.0
12	[0111000001]红旗线	2013-06-10	0.0	无效	103681.2	无效	0.0	无效	0.0	95238.42	无效	0.0	无效	0.0
13	[0111000002]机纺线	2013-06-10	0.0	无效	25947.7	无效	0.0	无效	0.0	23293.72	无效	0.0	无效	0.0
14	[0111000003]麻纺线	2013-06-10	0.0	无效	12277.6	无效	0.0	无效	0.0	12188.44	无效	0.0	无效	0.0
15	[0111000004]城南线	2013-06-10	0.0	无效	49963.0	无效	0.0	无效	0.0	41759.87	无效	0.0	无效	0.0
16	[0111000005]胜利线	2013-06-10	0.0	无效	108173.6	无效	0.0	无效	0.0	91352.75	无效	0.0	无效	0.0
17	[0111000006]永乐线	2013-06-10	0.0	无效	52676.4	无效	0.0	无效	0.0	47219.99	无效	0.0	无效	0.0
18	[0111000007]城北线	2013-06-10	0.0	无效	72434.1	无效	0.0	无效	0.0	70695.55	无效	0.0	无效	0.0
19	[0111000008]兴业线	2013-06-10	0.0	无效	6204.0	无效	0.0	无效	0.0	6212.33	无效	0.0	无效	0.0
20	[0111000009]开发线	2013-06-10	0.0	无效	58012.9	无效	0.0	无效	0.0	52080.41	无效	0.0	无效	0.0
21	[0111000010]化工线	2013-06-10	0.0	无效	451.8	无效	0.0	无效	0.0	498.38	无效	0.0	无效	0.0
22	[0111000011]松呼线（哈三）	2013-06-10	0.0	无效	0.0	无效	0.0	无效	0.0	0.0	无效	0.0	无效	0.0
23	[0111000013]嘉美线	2013-06-10	0.0	无效	17566.8	无效	0.0	无效	0.0	19605.03	无效	0.0	无效	0.0

图 5-10 全省电量界面

第三节 设备故障诊断

设备故障诊断功能包括电表停走、电表跳数、电表连续三日无数据、电压异常、电流异常、误接线、电表需量不是本月、正向有功不等于各费率之和、总功率不等于各分相之和、电表缺点、电表时钟错误、电池使用超期、电流不平衡、电压不平衡、电表断相、故障设备统计。

一、电表停走

电表停走功能主要是对采集系统中的国网专变终端下的多功能电表的停走情况进行统计和展示的功能［用户每日 A、B、C 三相电流，如果其中任一相（高压用户不计 B 相）电流之和小于 0.5，诊断为疑似电表停走］。

点击“高级应用—设备故障诊断—电表停走”，进入查询界面后可选择查询日期段、电业局，查询界面如图 5 - 11 所示。

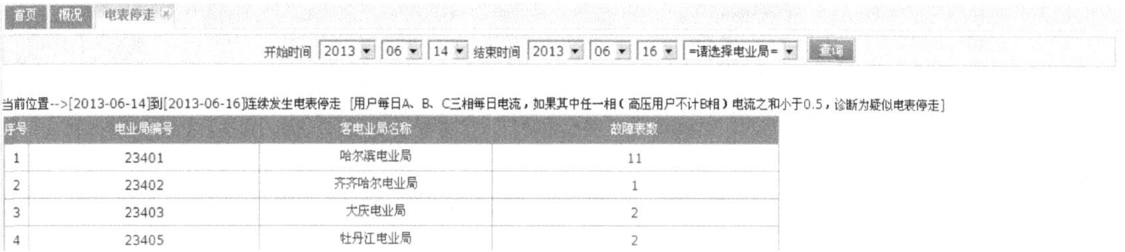
首页
概况
电表停走
开始时间 2013 06 14 结束时间 2013 06 16 =请选择电业局= 查询
当前位置-->[2013-06-14]到[2013-06-16]连续发生电表停走 [用户每日A、B、C三相每日电流，如果其中任一相（高压用户不计B相）电流之和小于0.5，诊断为疑似电表停走]
序号 电业局编号 客电业局名称 故障表数
1 23401 哈尔滨电业局 11
2 23402 齐齐哈尔电业局 1
3 23403 大庆电业局 2
4 23405 牡丹江电业局 2

图 5 - 11　电表停走界面

二、电表跳数

电表跳数功能主要是对采集系统中国网专变终端下的多功能电表的电表跳数情况进行统计和展示的功能（判断当日电流之和，如果超过 504 则判断为电表跳数）。

点击“高级应用—设备故障诊断—电表跳数”，进入查询界面后可选择查询日期段、电业局，查询界面如图 5 - 12 所示。

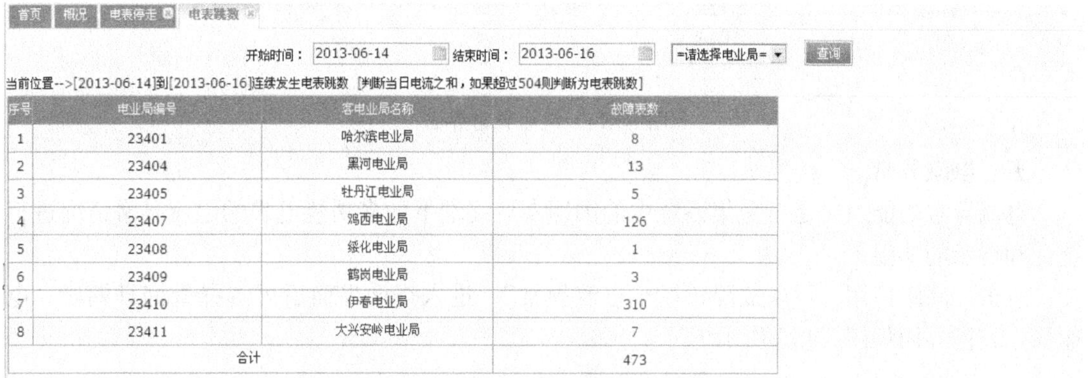
首页
概况
电表停走
电表跳数
开始时间： 2013-06-14 结束时间： 2013-06-16 =请选择电业局= 查询
当前位置-->[2013-06-14]到[2013-06-16]连续发生电表跳数 [判断当日电流之和，如果超过504则判断为电表跳数]
序号 电业局编号 客电业局名称 故障表数
1 23401 哈尔滨电业局 8
2 23404 黑河电业局 13
3 23405 牡丹江电业局 5
4 23407 鸡西电业局 126
5 23408 绥化电业局 1
6 23409 鹤岗电业局 3
7 23410 伊春电业局 310
8 23411 大兴安岭电业局 7
合计 473

图 5 - 12　电表跳数界面

三、电表连续三日无数据

电表连续三日无数据功能主要是对采集系统中的采集器或者集中器下的电表的三日无日冻结数据情况进行统计和展示的功能。

点击“高级应用—设备故障诊断—电表连续三日无数据”，进入查询界面后可选择查询日期段、电业局，查询界面如图 5 - 13 所示。

四、电压异常

电压异常功能主要是对采集系统中国网专变终端下的多功能电表的电压异常情况进行统计和展示的功能。

点击“高级应用—设备故障诊断—电压异常”，进入查询界面后可选择查询日期段、电业局，查询界面如图 5 - 14 所示。

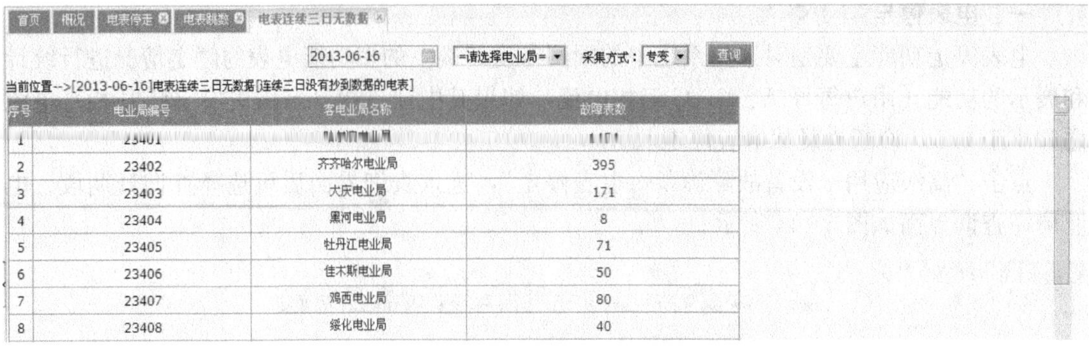

图 5-13　电表连续三日无数据界面

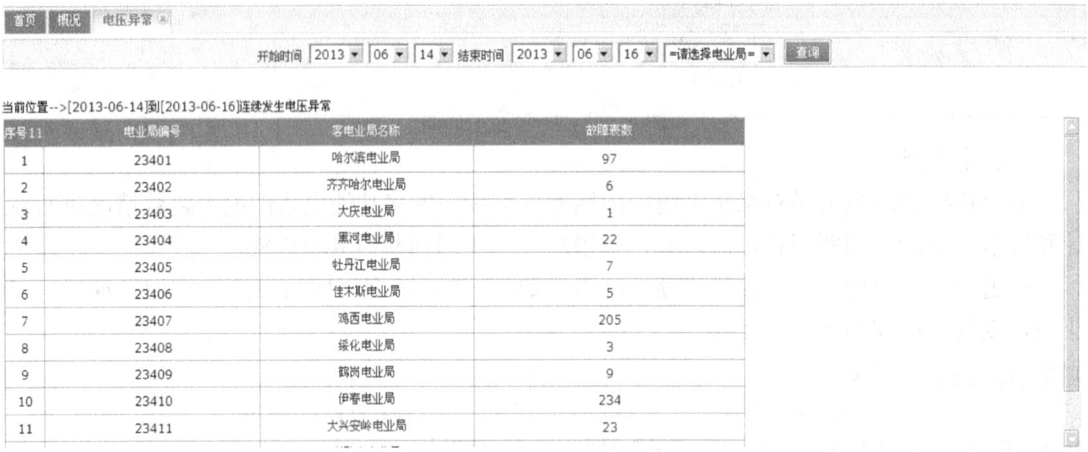

图 5-14　电压异常界面

五、电流异常

电流异常功能主要是对采集系统中的国网专变终端下的多功能电表的电流异常情况进行统计和展示的功能。

点击"高级应用—设备故障诊断—电流异常",进入查询界面后可选择查询日期段、电业局,查询界面如图 5-15 所示。

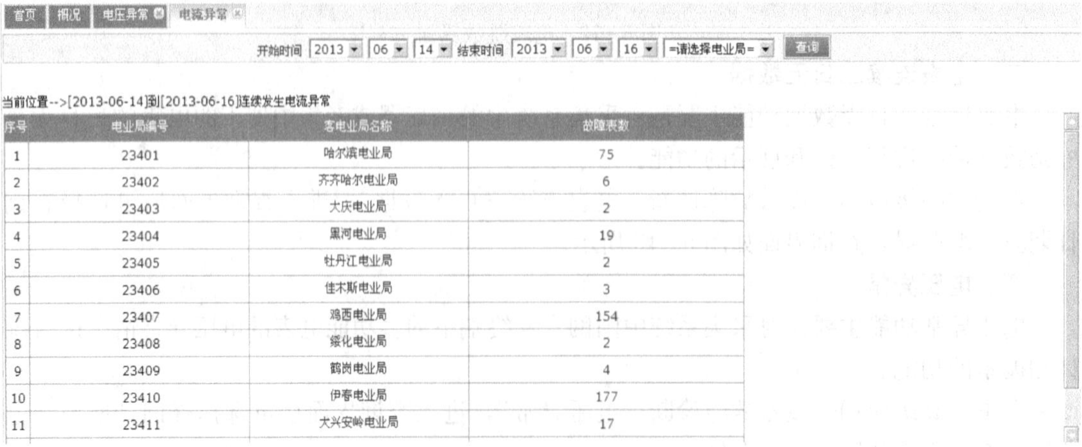

图 5-15　电流异常界面

六、误接线

误接线功能主要是对采集系统中国网专变终端下的多功能电表的误接线情况进行统计和展示的功能（A、B、C 三相电流，如果任意一相电流出现负数则认为误接线）。

点击“高级应用—设备故障诊断—误接线”，进入查询界面后可选择查询日期段、电业局，查询界面如图 5－16 所示。

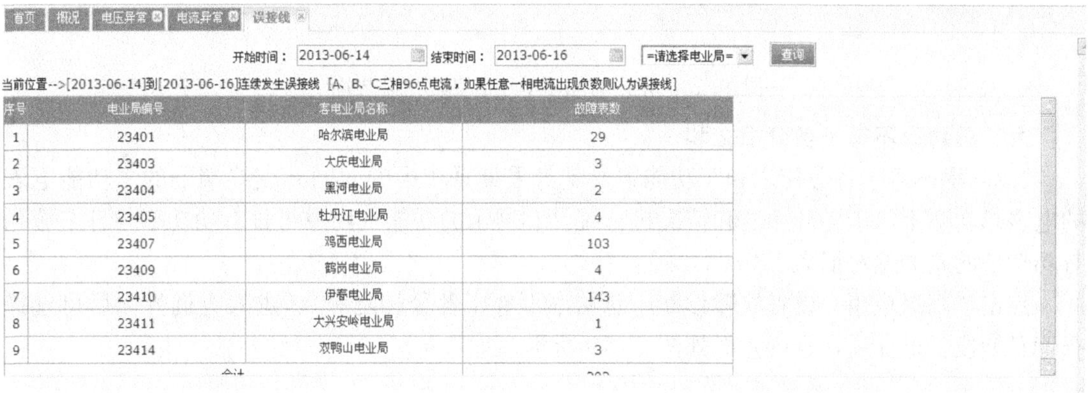
首页 概况 电压异常 电流异常 误接线

开始时间：2013-06-14 结束时间：2013-06-16 =请选择电业局= 查询

当前位置-->[2013-06-14]到[2013-06-16]连续发生误接线 [A、B、C三相96点电流，如果任意一相电流出现负数则认为误接线]

序号	电业局编号	客电业局名称	故障表数
1	23401	哈尔滨电业局	29
2	23403	大庆电业局	3
3	23404	黑河电业局	2
4	23405	牡丹江电业局	4
5	23407	鸡西电业局	103
6	23409	鹤岗电业局	4
7	23410	伊春电业局	143
8	23411	大兴安岭电业局	1
9	23414	双鸭山电业局	3

图 5－16 误接线界面

七、电表需量不是本月

“电表需量不是本月”功能主要是对采集系统中国网专变终端下的多功能电表的电表需量不是本月的情况进行统计和展示的功能（用户月冻结最大需量的发生时间不是当前月）。

点击“高级应用—设备故障诊断—电表需量不是本月”，进入查询界面后可选择查询日期段、电业局，查询界面如图 5－17 所示。

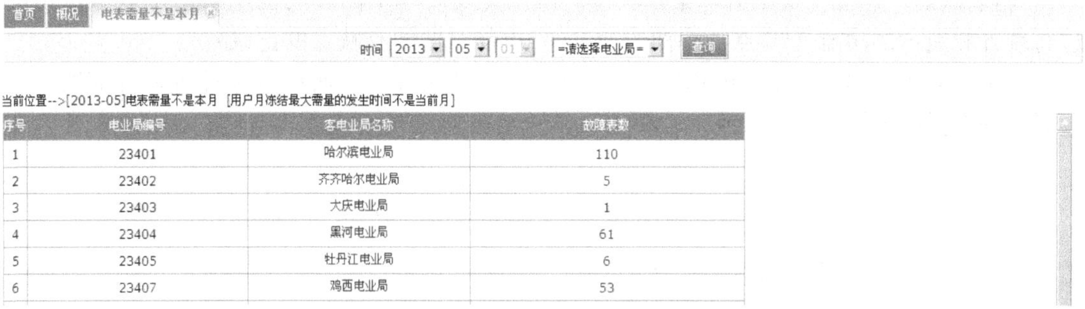
首页 概况 电表需量不是本月

时间 2013 05 01 =请选择电业局= 查询

当前位置-->[2013-05]电表需量不是本月 [用户月冻结最大需量的发生时间不是当前月]

序号	电业局编号	客电业局名称	故障表数
1	23401	哈尔滨电业局	110
2	23402	齐齐哈尔电业局	5
3	23403	大庆电业局	1
4	23404	黑河电业局	61
5	23405	牡丹江电业局	6
6	23407	鸡西电业局	53

图 5－17 电能表需量不是本月界面

八、正向有功不等于各费率之和

“正向有功不等于各费率之和”功能主要是对采集系统中国网专变终端下的多功能电表的电表正向有功不等于各费率之和的情况进行统计和展示的功能（用户每日正向有功总电能示值与各个费率正向有功总电能示值的差的绝对值大于 0.01）。

点击“高级应用—设备故障诊断—正向有功不等于各费率之和”，进入查询界面后可选择查询日期段、电业局，查询界面如图 5－18 所示。

图 5-18　正向有功不等于各费率之和界面

九、总功率不等于各分相之和

"总功率不等于各分相之和"功能主要是对采集系统中的国网专变终端下的多功能电表的电表总功率不等于各分相之和情况进行统计和展示的功能（用户每日有功功率与各个分相有功功率的差的绝对值大于 0.02）。

点击"高级应用—设备故障诊断—总功率不等于各分相之和"，进入查询界面后可选择查询日期段、电业局，查询界面如图 5-19 所示。

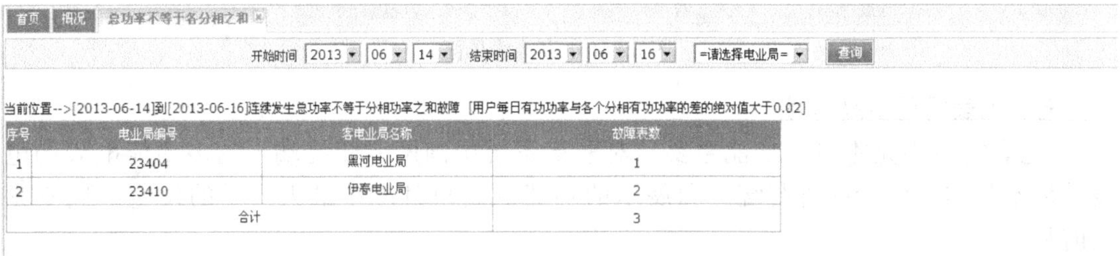

图 5-19　总功率不等于各分相和界面

十、电表缺点

"电表缺点"功能主要是对采集系统中的国网专变终端下的多功能电表的电表缺点情况进行统计和展示的功能（96 点功率曲线或 96 点电能量曲线有缺点的记录）。

点击"高级应用—设备故障诊断—电表缺点"，进入查询界面后可选择查询日期段、电业局，查询界面如图 5-20 所示。

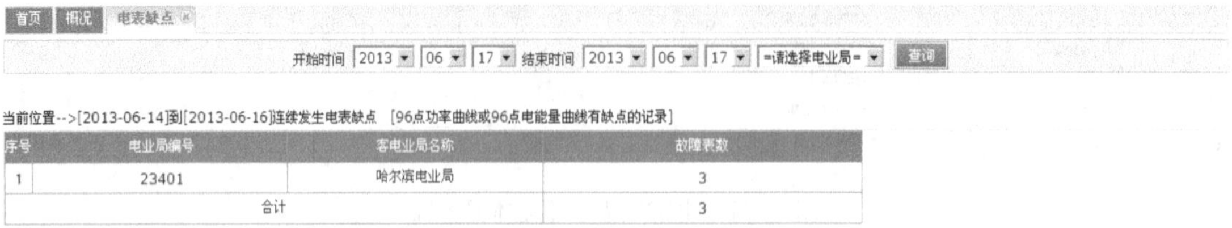

图 5-20　电表缺点界面

十一、电表时钟错误

"电表时钟错误"功能主要是对采集系统中的国网专变终端下的多功能电表的电表时钟错误情况进行统计和展示的功能（电表时间和系统时间相差 5min 以上）。

点击"高级应用—设备故障诊断—电表时钟错误"，进入查询界面后可选择查询日期段、电业局，查询界面如图 5‐21 所示。

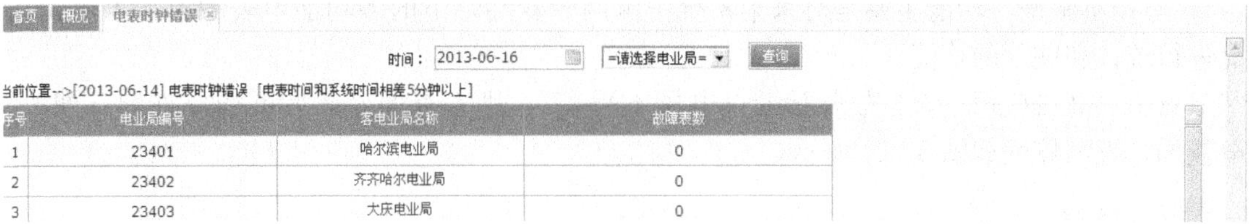

图 5‐21 电表时钟错误界面

十二、电池使用超期

"电池使用超期"功能主要是对采集系统中国网专变终端下的多功能电表的电表电池使用超期的情况进行统计和展示的功能。

点击"高级应用—设备故障诊断—电池使用超期"，进入查询界面后可选择查询日期段、电业局，查询界面如图 5‐22 所示。

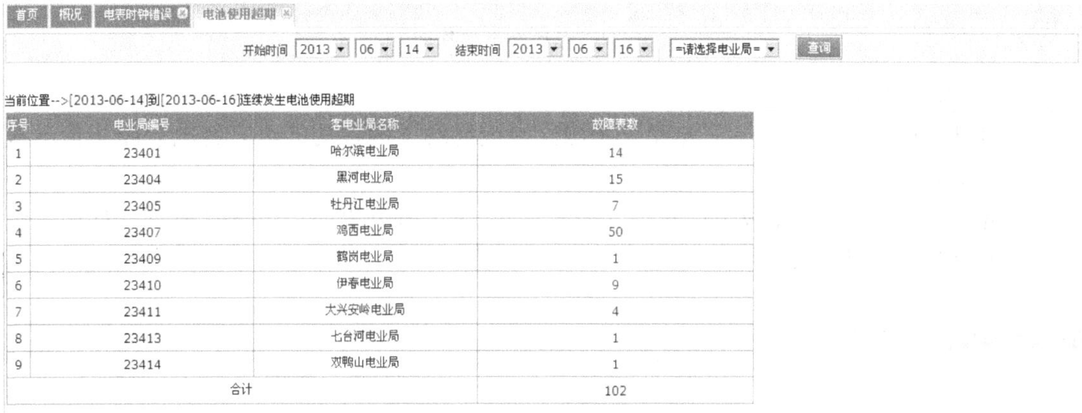

序号	电业局编号	客电业局名称	故障表数
1	23401	哈尔滨电业局	14
2	23404	黑河电业局	15
3	23405	牡丹江电业局	7
4	23407	鸡西电业局	50
5	23409	鹤岗电业局	1
6	23410	伊春电业局	9
7	23411	大兴安岭电业局	4
8	23413	七台河电业局	1
9	23414	双鸭山电业局	1
合计			102

图 5‐22 电池使用超期界面

十三、电流不平衡

"电流不平衡"功能主要是对采集系统中国网专变终端下的多功能电表的电流不平衡情况进行统计和展示的功能。

点击"高级应用—设备故障诊断—电流不平衡"，进入查询界面后可选择查询日期段、电业局，查询界面如图 5‐23 所示。

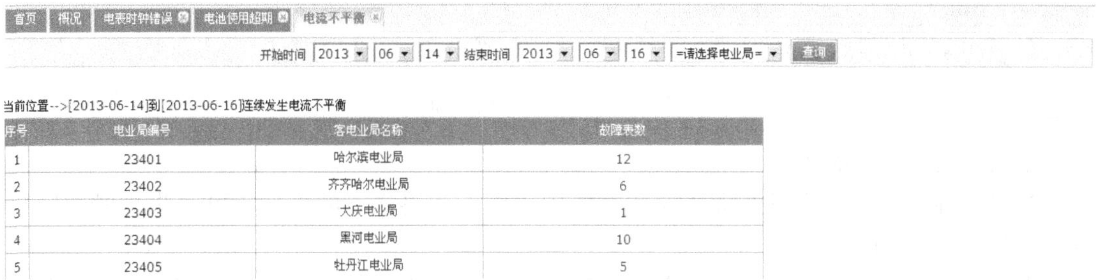

序号	电业局编号	客电业局名称	故障表数
1	23401	哈尔滨电业局	12
2	23402	齐齐哈尔电业局	6
3	23403	大庆电业局	1
4	23404	黑河电业局	10
5	23405	牡丹江电业局	5

图 5‐23 电流不平衡界面

十四、电压不平衡

“电压不平衡”功能主要是对采集系统中国网专变终端下的多功能电表的电压不平衡情况进行统计和展示的功能。

点击“高级应用—设备故障诊断—电压不平衡”，进入查询界面后可选择查询日期段、电业局，查询界面如图 5 - 24 所示。

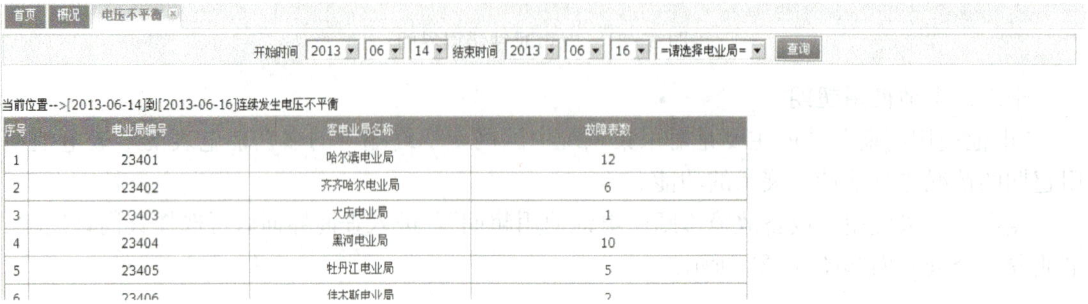
首页
概况
电压不平衡
开始时间 2013 06 14 结束时间 2013 06 16 =请选择电业局=
查询
当前位置-->[2013-06-14]到[2013-06-16]连续发生电压不平衡

序号	电业局编号	客电业局名称	故障表数
1	23401	哈尔滨电业局	12
2	23402	齐齐哈尔电业局	6
3	23403	大庆电业局	1
4	23404	黑河电业局	10
5	23405	牡丹江电业局	5
6	23406	佳木斯电业局	2

图 5 - 24　电压不平衡界面

十五、电表断相

“电表断相”功能主要是对采集系统中国网专变终端下的多功能电表的电表断相情况进行统计和展示的功能。

点击“高级应用—设备故障诊断—电表断相”，进入查询界面后可选择查询日期段、电业局，查询界面如图 5 - 25 所示。

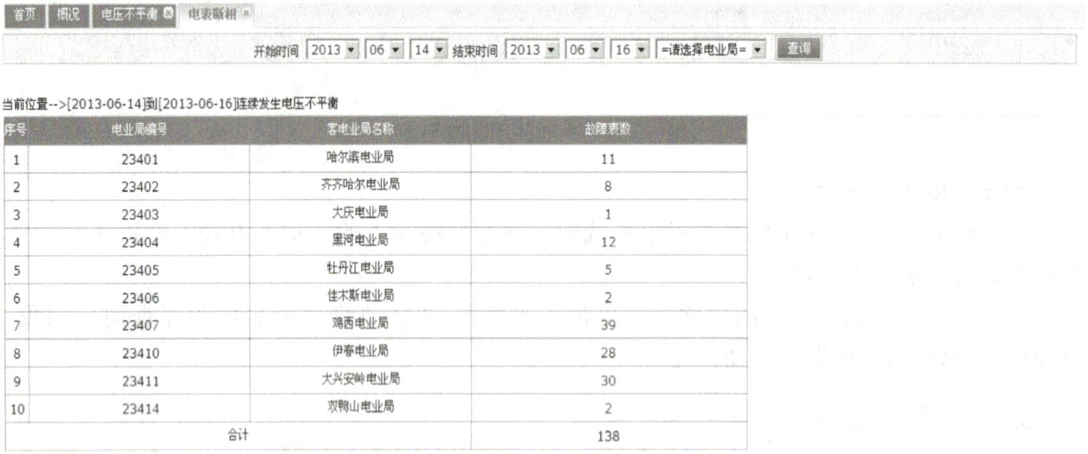
首页
概况
电压不平衡
电表断相
开始时间 2013 06 14 结束时间 2013 06 16 =请选择电业局=
查询
当前位置-->[2013-06-14]到[2013-06-16]连续发生电压不平衡

序号	电业局编号	客电业局名称	故障表数
1	23401	哈尔滨电业局	11
2	23402	齐齐哈尔电业局	8
3	23403	大庆电业局	1
4	23404	黑河电业局	12
5	23405	牡丹江电业局	5
6	23406	佳木斯电业局	2
7	23407	鸡西电业局	39
8	23410	伊春电业局	28
9	23411	大兴安岭电业局	30
10	23414	双鸭山电业局	2
	合计		138

图 5 - 25　电表断相界面

十六、故障设备统计

“故障设备统计”功能主要是对采集系统中国网专变终端下的多功能电表出现的故障进行统计和展示的功能。

点击“高级应用—设备故障诊断—故障设备统计”，进入查询界面后可选择查询日期段、电业局，查询界面如图 5 - 26 所示。

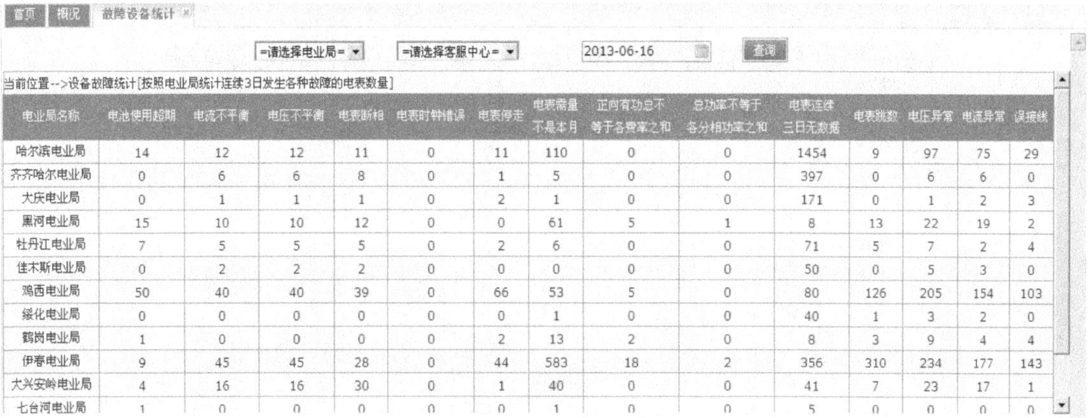

电业局名称	电池使用超期	电流不平衡	电压不平衡	电表断相	电表时钟错误	电表停走	电表需量不是本月	正向有功总不等于各费率之和	总功率不等于各分相功率之和	电表连续三日无数据	电表跳数	电压异常	电流异常	误接线
哈尔滨电业局	14	12	12	11	0	11	110	0	0	1454	9	97	75	29
齐齐哈尔电业局	0	6	6	8	0	1	5	0	0	397	0	6	6	0
大庆电业局	0	1	1	1	0	2	1	0	0	171	0	1	2	3
黑河电业局	15	10	10	12	0	0	61	5	1	8	13	22	19	2
牡丹江电业局	7	5	5	5	0	2	6	0	0	71	5	7	2	4
佳木斯电业局	0	2	2	2	0	0	0	0	0	50	0	5	3	0
鸡西电业局	50	40	40	39	0	66	53	5	0	80	126	205	154	103
绥化电业局	0	0	0	0	0	0	1	0	0	40	1	3	2	0
鹤岗电业局	1	0	0	0	0	2	13	2	0	8	3	9	4	4
伊春电业局	9	45	45	28	0	44	583	18	2	356	310	234	177	143
大兴安岭电业局	4	16	16	30	0	1	40	0	0	41	7	23	17	1
七台河电业局	1	0	0	0	0	0	1	0	0	5	0	0	0	0

图 5-26 故障设备统计界面

第四节 其 他 应 用

一、问题交流平台

问题交流平台功能主要是建立电业局、客服中心与采集运维中心的互动和沟通的平台，这个功能可以实现问题发布，采集运维中心可以对发布的问题进行解答或处理，并给予处理情况的反馈，为系统用户提供问题咨询交流的平台；将技术文档、系统标准等实现分类管理；提供分类订阅、在线检索阅读、下载等功能。

点击“高级应用—问题交流平台—问题交流平台”，进入“问题交流平台”界面后，可查看发布的问题，可以对问题进行查看和问题的发布，如图 5-27 所示。

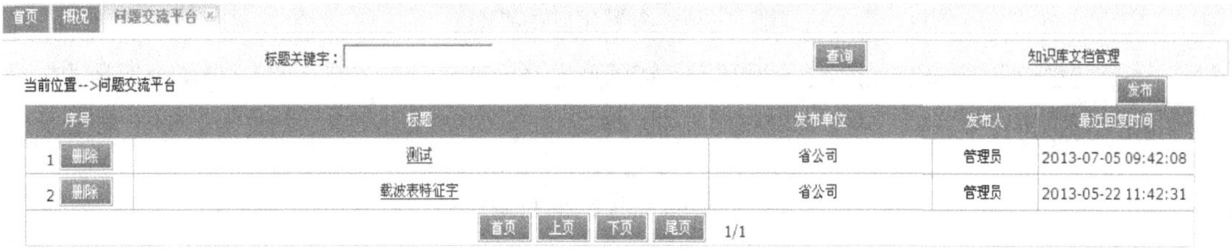

图 5-27 问题交流平台界面

点击“发布”按钮可以进入到“问题发布”界面，如图 5-28 所示。

二、图形化应用

图形化应用功能主要是在 2D 和 3D 界面查看已经定位的线路、台区、集中器安装的具体位置和坐标，可以更直观的查看采集设备。

点击“高级应用—图形化应用—图形化应用”，进入“图形化应用”界面后，点击“图形化应用入口”，可以进入到“黑龙江省地图”界面，如图 5-29 所示。

再点击地图中的各个电业局可以进入到对应电业局的城市 2D 地图中，如图 5-30 所示。

然后点击地图可以进入到对应电业局的城市 3D 地图中，选择作下角的客服中心、线路、台区可以直接定位到该台区，此界面可查询的内容包括此台区下的集中器信息（包括集中器逻辑地址和集中器名称，以及安装点）、此台区下的表箱信息。

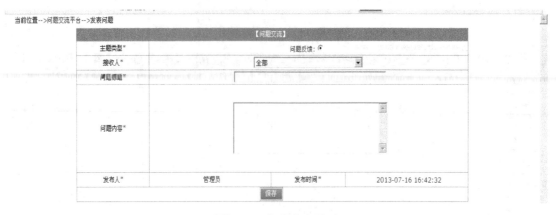

图 5-28　问题发布界面

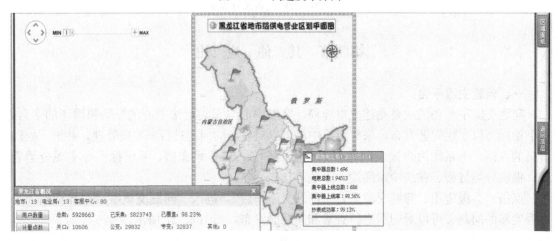

图 5-29　图形化应用界面

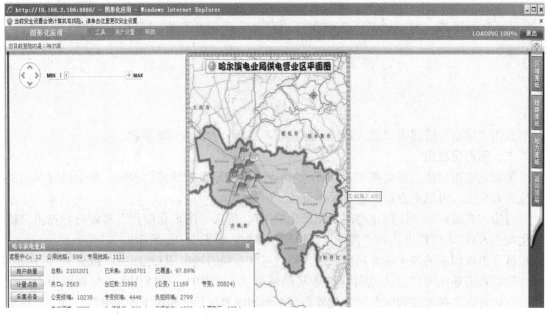

图 5-30　图形化应用界面

三、电厂图形化应用

电厂图形化应用功能主要是在 2D 界面查看已经标注的电厂和风电位置，可以更直观的查看电厂和风电所在地。

点击“高级应用—电厂图形化应用—电厂图形化应用”，进入“电厂图形化应用”界面后，可以看到一个 2D 的地图信息，可以点击使用地图选项、地图工具、地图显示、用户帮助功能，如图 5-31 所示。

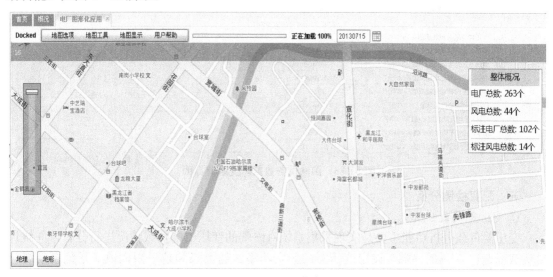

图 5-31 电厂图形化应用界面

四、国网数据恢复

国网设备数据修复功能主要是实现采集系统对国网专变终端的所有冻结曲线的数据进行修复，实现数据的准确性，支持通过修复算法、手工补录、掌机补录等方式进行数据修复，确保数据的连续性和完整性。

点击“高级应用—数据修复—国网设备数据修复”，进入“国网设备数据修复”界面后，可以选择时标、国网专变终端数据曲线，点击“查询”按钮查询出对应的国网专变终端数据曲线信息，如图 5-32 所示。

首页 概况 国网设备数据修复

当前位置-->高级应用-数据修复

时标: 2013-07-15 F1 - 正向有/无功电能示值、一/四象限无功电能示值（总、费率1~M，1≤M≤12） 查询

序号	数据状态	时标	客服中心编号	台区编号	用户编号	电表地址	逻辑地址	正向有功总电能示值(kWh)	费率1正向有功电能示值(kWh)	费率2正向有功电能示值(kWh)	费率
1	自动采集	2013-07-15	2340515	0503202007	1191458625	123416276605	NRE0120129800002	39.5600	0.0000	18.6400	
2	自动采集	2013-07-15	2340508	0508063099	1272995751	084005035476	NRE0120129800003	1925.9600	0.0000	0.0000	
3	自动采集	2013-07-15	2340506	0506033006	1180289331	124200138745	NRE0120129800009	16.2500	0.0000	6.0500	
4	自动采集	2013-07-15	2341114	1101001044	0710193173	084402874755	NRE0120129800010	9854.4000	0.0000	3785.6000	
5	自动采集	2013-07-15	2340903	0903002116	1268248308	122100051605	NRE0120129800011	53.1900	0.0000	23.0500	
6	自动采集	2013-07-15	2340506	0506005013	0303790077	124200887545	NRE0120129800012	1202.5600	0.0000	437.0800	
7	自动采集	2013-07-15	2340903	0903007112	0800813969	124201478445	NRE0120129800013	7594.6800	0.0000	3297.1700	
8	自动采集	2013-07-15	2341114	1101001042	0710211000	084402873455	NRE0120129800015	1541.1800	0.0000	662.4300	
9	自动采集	2013-07-15	2340905	0901027530	0800015075	060727008205	NRE0120129800019	13173.6600	0.0000	5648.7500	
10	自动采集	2013-07-15	2340905	0901004664	0800063540	082203203203	NRE0120129800020	6118.2100	0.0000	0.0000	

总计 3332 条记录【10 条/页】【第 1 页/共 334 页】 下一页 末页

图 5-32 国网设备数据修复界面

点击"编辑"按钮可以进入"国网专变终端曲线数据编辑"界面，实现对数据的编辑功能，如图 5 - 33 所示。

高级应用-数据修复	
时标*	2013-07-13
客服中心编号*	2340515
台区编号*	0503202007
用户编号*	1191458625
电表地址*	123416276605
逻辑地址*	NRE0120129800002
正向有功总电能示值(kWh)*	39.5600
费率1正向有功电能示值(kWh)*	0.0000
费率2正向有功电能示值(kWh)*	18.6400
费率3正向有功电能示值(kWh)*	18.5900
费率4正向有功电能示值(kWh)*	2.3300
正向无功总电能示值(kvarh)*	31.8600
费率1正向无功电能示值(kvarh)*	0.0000
费率2正向无功电能示值(kvarh)*	13.6900
费率3正向无功电能示值(kvarh)*	16.7300

图 5 - 33　国网设备数据修复编辑界面

五、配变检测分析

1. 变压器负载分析

变压器负载分析功能主要是实现采集系统对终端的变压器的负载情况进行分析，并统计出负载率超过 30% 的终端，设定变压器的额定功率、越上限和越下限阈值，系统自动统计每台变压器日、月、年的负荷曲线以及最大有功功率及出现时间。

点击"高级应用—配变检测分析—变压器负载分析"，进入"变压器负载分析"界面后，可以选择电业局、客服中心、时间、负载率范围（大于 30%、50%、80%），点击"查询"按钮查询出负载终端，点击曲线分析可以将负载终端的统计数据用曲线展示出来，如图 5 - 34 所示。

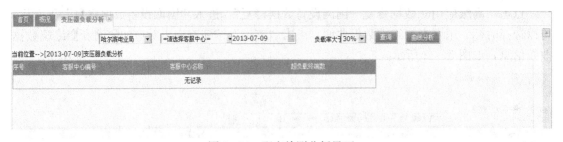

图 5 - 34　配变检测分析界面

2. 三相不平衡分析

三相不平衡分析功能主要是展示变压器三相负荷并计算三相不平衡度。

点击"高级应用—配变检测分析—三相不平衡分析"，进入"三相不平衡分析"界面后，可以选择电业局、客服中心、线路、台区、时间，点击"查询"按钮查询出三相不平衡的统计信息，如图 5 - 35 所示。

点击不平衡台区数量可以查询出不平衡的台区明细，如图 5 - 36 所示。

3. 电压越限统计

电压越限统计功能主要是采集系统对电压监测点的电压越限情况进行统计。

图 5-35　三相不平衡分析界面

序号	供电局编号	供电局名称	线路编号	线路名称	台区编号	台区名称
1	2340209	富拉尔基客户服务分中心	0209027011	富供_青华麦青南线	0209011817	富供_青南线64#
2	2340209	富拉尔基客户服务分中心	0209027013	富供_青华麦青北线	0209013410	富供_联合网络(232处)
3	2340209	富拉尔基客户服务分中心	0209027017	富供_青华麦铁西线	0209017205	富供_铁西线团结分45右7
4	2340209	富拉尔基客户服务分中心	0209027018	富供_青华麦砖瓦线	0209018404	富供_齐齐哈尔宝石圈区建设开发有限公司
5	2340209	富拉尔基客户服务分中心	0209027025	富供_铁西麦西电乙线	0209025215	富供_西电乙线117
6	2340209	富拉尔基客户服务分中心	0209027031	富供_红岸麦红南甲线	0209031424	交通房地产
7	2340209	富拉尔基客户服务分中心	0209027031	富供_红岸麦红南甲线	0209031420	红南甲线59圃丁小区箱变
8	2340207	碾子山客户服务中心	0207025004	碾供_华安麦兴华线	0100555855	碾供_兴25-1右3
9	2340207	碾子山客户服务中心	0207025002	碾供_华安麦春光线	0100064443	碾供_春75左33左1-1
10	2340207	碾子山客户服务中心	0207025002	碾供_华安麦春光线	0207002059	碾供_春56左76

总计19条记录 【10条/页】【第1页/共2页】[下一页][尾页] 转到 1 页 go

图 5-36　三相不平衡台区明细界面

点击"高级应用—配变检测分析—电压越限统计",进入"电压越限统计"界面后,可以选择电业局、客服中心、时间、电压等级,点击"查询"按钮查询出电压越限的统计信息,如图 5-37 所示。

图 5-37　电压越限统计界面

点击"电压越限电表数量"可以查询出电压越限的电表明细,如图 5-38 所示。

序号	时标	计量点名称	测量点号	电表地址	A相电压越上 上限累计时间	A相电压越下 下限累计时间	A相电压越上 限累计时间	A相电压越下 限累计时间	A相电压合格 累计时间	A相电压合格率(%)	B相电压越上 上限累计时间	B相电 下限累
1	2013-07-15	齐齐哈尔天和思瑞房地产开发有限公司	1	070301002216	0.00	0.00	0.00	0.00	0.00	0	0.00	0.0
2	2013-07-15	齐齐哈尔天和思瑞房地产开发有限公司	1	094630015679	0.00	0.00	0.00	0.00	1440.00	100	0.00	0.0
3	2013-07-15	中国联合网络通信有限公司齐齐哈尔市分公司	1	083550154846	0.00	0.00	0.00	0.00	1440.00	100	0.00	0.0
4	2013-07-15	齐齐哈尔市梅里斯达斡尔族区新力制砖厂	2	083550170346	0.00	0.00	0.00	0.00	1440.00	100	0.00	0.0
5	2013-07-15	齐齐哈尔市梅里斯达斡尔族区新力制砖厂	1	083550129946	0.00	0.00	0.00	0.00	1440.00	100	0.00	0.0
6	2013-07-15	齐齐哈尔宝石园区建设开发有限公司	1	083550135146	0.00	0.00	580.00	0.00	860.00	59.72	0.00	0.0
7	2013-07-15	富拉尔基双齐塑窗型材加工厂	1	083550136146	0.00	0.00	0.00	0.00	1440.00	100	0.00	0.0
8	2013-07-15	齐齐哈尔市交通房地产开发有限责任公司	1	094630012579	0.00	0.00	0.00	0.00	1440.00	100	0.00	0.0
9	2013-07-15	齐齐哈尔市富拉尔基区教育局	1	094630012979	0.00	0.00	0.00	0.00	1440.00	100	0.00	0.0
10	2013-07-15	齐齐哈尔亨泰房地产开发有限责任公司	1	092802783664	0.00	1370.00	0.00	0.00	0.00	0	0.00	1370

总计25条记录 【10条/页】【第1页/共3页】[下一页] [尾页] 转到 1 ▼ 页 go

图 5-38 电压越限的电表明细界面

4. 功率因数越限统计

功率因数越限统计功能主要是采集系统对功率因数监测点的功率因数越限情况进行统计。

点击"高级应用—配变检测分析—功率因数越限统计",进入"功率因数越限统计"界面后,可以选择电业局、客服中心、时间段,点击"查询"按钮查询出电压越限的统计信息,如图 5-39 所示。

=请选择电业局= ▼ | =请选择客服中心= ▼ | =按日= ▼ | 2013-07-15 | 查询

当前位置-->功率因数越限统计: 2013年07月15日

序号	电业局编号	电业局名称	电表数
1	23401	哈尔滨电业局	280
2	23402	齐齐哈尔电业局	26
3	23403	大庆电业局	14
4	23404	黑河电业局	121
5	23405	牡丹江电业局	210
6	23406	佳木斯电业局	11
7	23407	鸡西电业局	719
8	23408	绥化电业局	17
9	23409	鹤岗电业局	37
10	23410	伊春电业局	1810
11	23411	大兴安岭电业局	154
12	23413	七台河电业局	9
13	23414	双鸭山电业局	14

图 5-39 功率因数越限统计界面

点击"功率因数越限的电表数量"可以查询出功率因数越限的电表明细,如图 5-40 所示。

六、重要信息推出

重要信息推出功能主要是实现采集系统可以根据关注的重点信息,设置和调整信息推送方案,在首页自动推送重要信息,提高对重要问题的处理及时性。

点击"高级应用—重要信息推出—重要信息推出",进入"重要信息推出"界面后,可以选择想推送的信息推出方案,点击"保存"按钮实现重要信息推出功能,如图 5-41 所示。

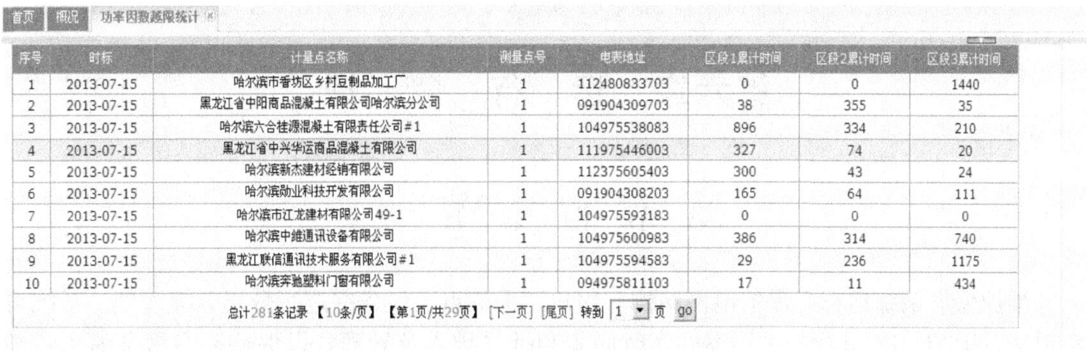

首页 概况 功率因数越限统计

序号	时标	计量点名称	测量点号	电表地址	区段1累计时间	区段2累计时间	区段3累计时间
1	2013-07-15	哈尔滨市香坊区乡村豆制品加工厂	1	112480833703	0	0	1440
2	2013-07-15	黑龙江省中阳商品混凝土有限公司哈尔滨分公司	1	091904309703	38	355	35
3	2013-07-15	哈尔滨六合硅源混凝土有限责任公司#1	1	104975538083	896	334	210
4	2013-07-15	黑龙江省中兴华运商品混凝土有限公司	1	111975446003	327	74	20
5	2013-07-15	哈尔滨新杰建材经销有限公司	1	112375605403	300	43	24
6	2013-07-15	哈尔滨勋业科技开发有限公司	1	091904308203	165	64	111
7	2013-07-15	哈尔滨市江龙建材有限公司49-1	1	104975593183	0	0	0
8	2013-07-15	哈尔滨中维通讯设备有限公司	1	104975600983	386	314	740
9	2013-07-15	黑龙江联信通讯技术服务有限公司#1	1	104975594583	29	236	1175
10	2013-07-15	哈尔滨奔驰塑料门窗有限公司	1	094975811103	17	11	434

总计281条记录 【10条/页】 【第1页/共29页】 [下一页] [尾页] 转到 1 页 go

图 5-40 功率因数越限的电表明细界面

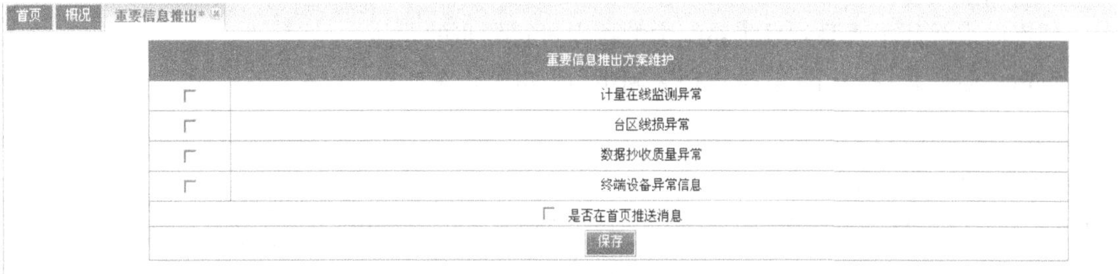

首页
概况
重要信息推出*
重要信息推出方案维护
计量在线监测异常
台区线损异常
数据抄收质量异常
终端设备异常信息
是否在首页推送消息
保存

图 5-41 重要信息推出界面

第六章 运 行 管 理

第一节 档 案 管 理

维护采集系统运行必需的电网结构、用户、采集点、设备并进行分层分级管理。系统可实现从营销 SG186 进行相关档案的实时同步和批量导入及管理，以保持档案信息的一致性和准确性。

一、档案同步

档案同步功能主要是对采集系统中的档案进行同步的功能。

点击"运行管理—档案管理—档案同步"，如图 6-1 所示。

图 6-1 档案同步界面

二、档案维护

档案维护功能主要是对采集系统中的档案进行维护的功能。

点击"运行管理—档案管理—档案维护"，进入"档案维护"界面，再进入手工建档界面，如图 6-2 所示。

新增用户档案信息			
用户ID*		客户ID*	
用户编号		用户名称	
自定义查询编号		临时缴费关系号	
用户分类	高压	用电客户地址	
行业分类		用电类别	
合同容量		运行容量	
生产班次代码		供电电压等级代码	
立户日期		送电日期	
销户日期		到期日期	
供电单位	==请选择供电局==	=请选择客服中心=	
新增档案			

图 6-2 新增用户档案信息界面

点击"客户档案"可以根据用户 ID 查询某用户的具体信息，如图 6-3 所示。

客户档案界面可以查看用户编号、用户名称、用电客户地址、合同容量、运行容量、立户日期、送电日期、销户日期及操作。

点击"运行终端档案"，界面如图 6-4 所示。

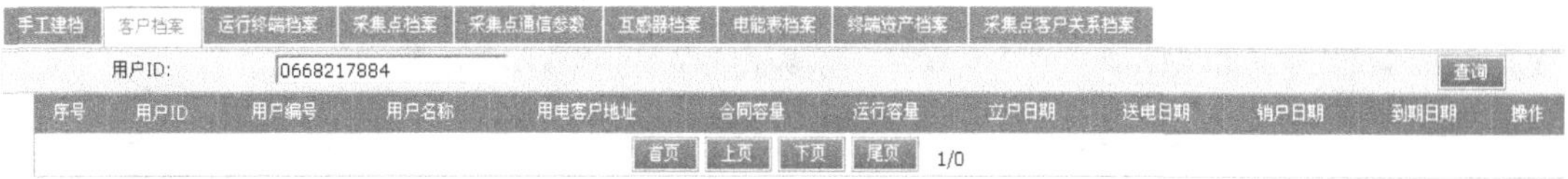

图 6-3 客户档案界面

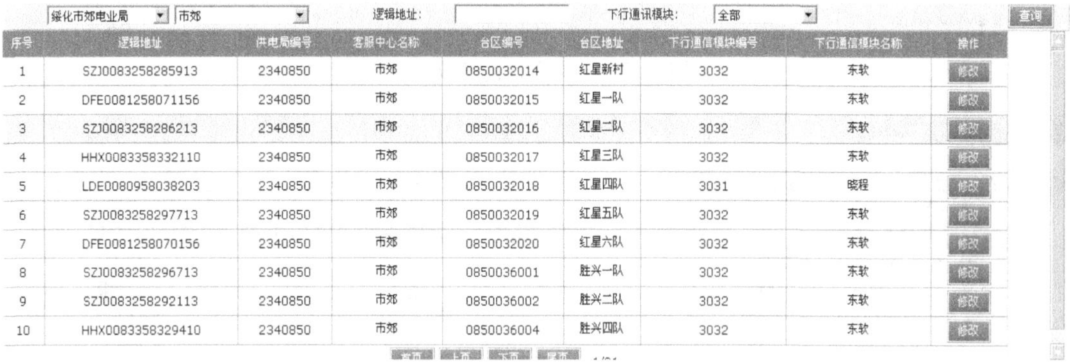

序号	逻辑地址	供电局编号	客服中心名称	台区编号	台区地址	下行通信模块编号	下行通信模块名称	操作
1	SZJ0083258285913	2340850	市郊	0850032014	红星新村	3032	东软	修改
2	DFE0081258071156	2340850	市郊	0850032015	红星一队	3032	东软	修改
3	SZJ0083258286213	2340850	市郊	0850032016	红星二队	3032	东软	修改
4	HHX0083358332110	2340850	市郊	0850032017	红星三队	3032	东软	修改
5	LDE0080958038203	2340850	市郊	0850032018	红星四队	3031	晓程	修改
6	SZJ0083258297713	2340850	市郊	0850032019	红星五队	3032	东软	修改
7	DFE0081258070156	2340850	市郊	0850032020	红星六队	3032	东软	修改
8	SZJ0083258296713	2340850	市郊	0850036001	胜兴一队	3032	东软	修改
9	SZJ0083258292113	2340850	市郊	0850036002	胜兴二队	3032	东软	修改
10	HHX0083358329410	2340850	市郊	0850036004	胜兴四队	3032	东软	修改

图 6-4 终端档案界面

运行终端档案界面明细：逻辑地址、供电局编号、客服中心名称、台区地址、下行通信模块编号、下行通信名称。点击“修改”按钮，界面如图 6-5 所示。

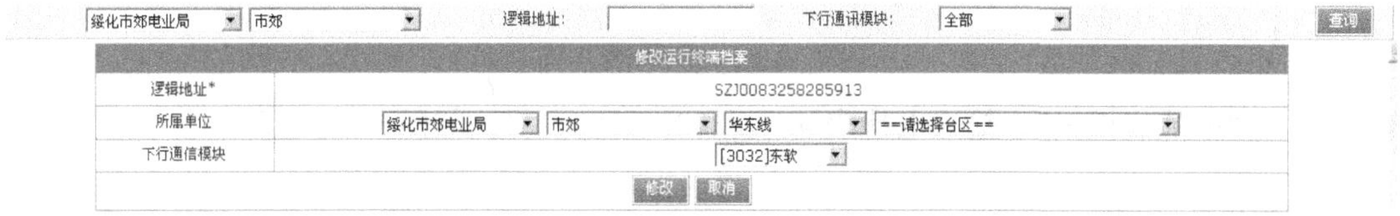

图 6-5 终端档案修改界面

点击“采集点档案”，界面如图 6-6 所示。

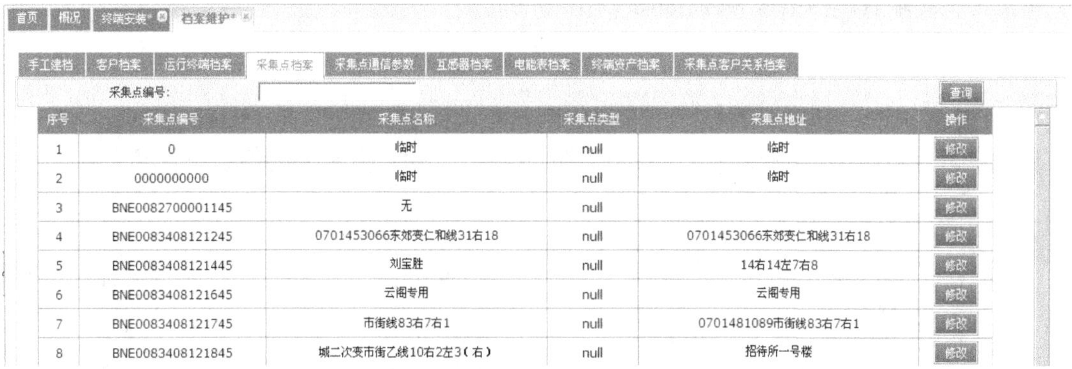

序号	采集点编号	采集点名称	采集点类型	采集点地址	操作
1	0	临时	null	临时	修改
2	0000000000	临时	null	临时	修改
3	BNE0082700001145	无	null		修改
4	BNE0083408121245	0701453066东郊变仁和线31右18	null	0701453066东郊变仁和线31右18	修改
5	BNE0083408121445	刘宝胜	null	14右14左7右8	修改
6	BNE0083408121645	云阁专用	null	云阁专用	修改
7	BNE0083408121745	市街线83右7右1	null	0701481089市街线83右7右1	修改
8	BNE0083408121845	城二次变市街乙线10右2左3(右)	null	招待所一号楼	修改

图 6-6 采集点界面

点击“采集点通信参数档案”，界面如图 6-7 所示。

点击“互感器档案”，界面如图 6-8 所示。

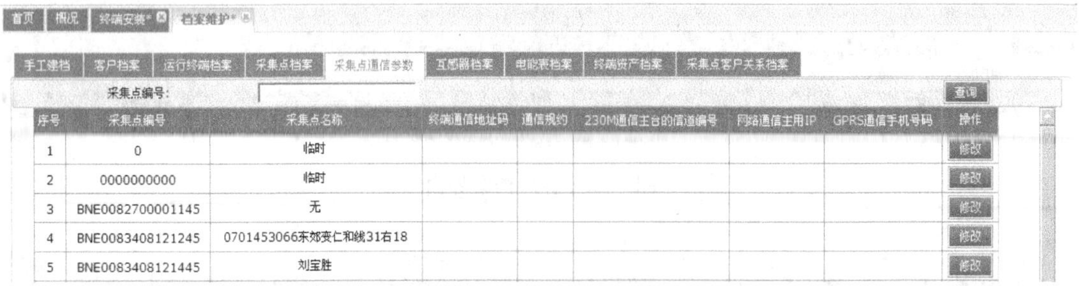

序号	采集点编号	采集点名称	终端通信地址码	通信规约	230M通信主台的信道编号	网络通信主用IP	GPRS通信手机号码	操作
1	0	临时						修改
2	0000000000	临时						修改
3	BNE0082700001145	无						修改
4	BNE0083408121245	0701453066东郊变仁和线31右18						修改
5	BNE0083408121445	刘宝胜						修改

图 6-7 采集点通信参数界面

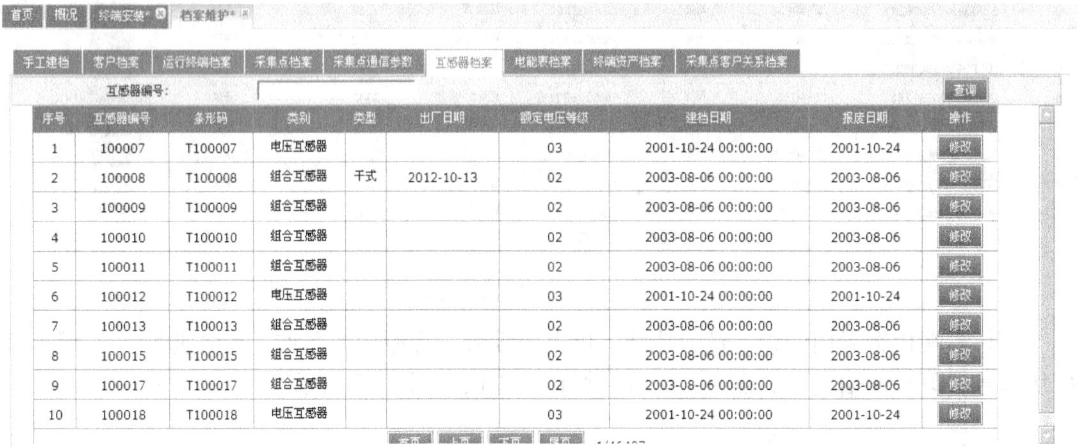

序号	互感器编号	条形码	类别	类型	出厂日期	额定电压等级	建档日期	报废日期	操作
1	100007	T100007	电压互感器			03	2001-10-24 00:00:00	2001-10-24	修改
2	100008	T100008	组合互感器	干式	2012-10-13	02	2003-08-06 00:00:00	2003-08-06	修改
3	100009	T100009	组合互感器			02	2003-08-06 00:00:00	2003-08-06	修改
4	100010	T100010	组合互感器			02	2003-08-06 00:00:00	2003-08-06	修改
5	100011	T100011	组合互感器			02	2003-08-06 00:00:00	2003-08-06	修改
6	100012	T100012	电压互感器			03	2001-10-24 00:00:00	2001-10-24	修改
7	100013	T100013	组合互感器			02	2003-08-06 00:00:00	2003-08-06	修改
8	100015	T100015	组合互感器			02	2003-08-06 00:00:00	2003-08-06	修改
9	100017	T100017	组合互感器			02	2003-08-06 00:00:00	2003-08-06	修改
10	100018	T100018	电压互感器			03	2001-10-24 00:00:00	2001-10-24	修改

图 6-8 互感器档案界面

点击“电能表档案”，输入电能表编号 0833041256，界面如图 6-9 所示。

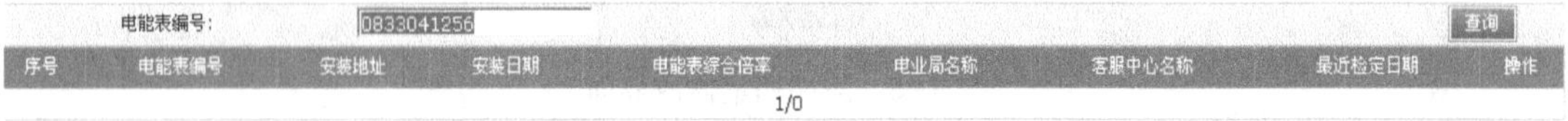

序号	电能表编号	安装地址	安装日期	电能表综合倍率	电业局名称	客服中心名称	最近检定日期	操作

图 6-9 电能表档案界面

点击“终端资产档案”，界面如图 6-10 所示。

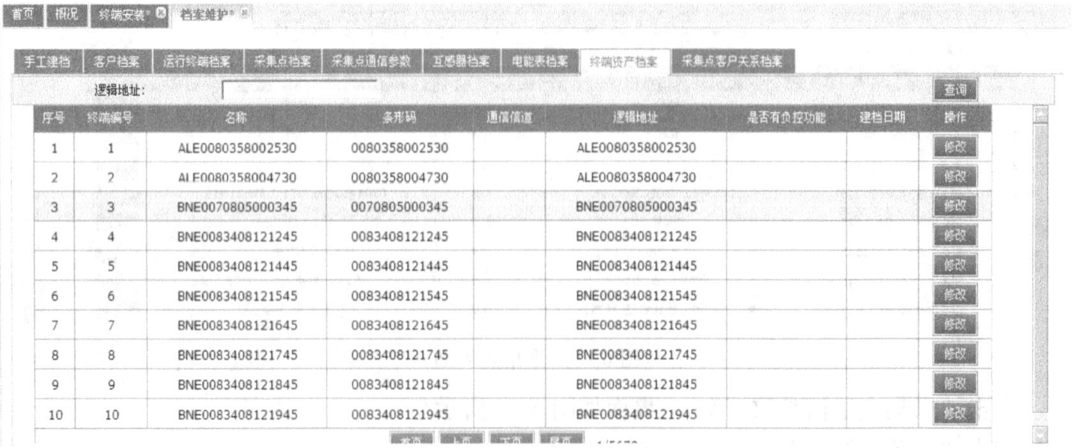

序号	终端编号	名称	条形码	通信信道	逻辑地址	是否有负控功能	建档日期	操作
1	1	ALE0080358002530	0080358002530		ALE0080358002530			修改
2	2	ALE0080358004730	0080358004730		ALE0080358004730			修改
3	3	BNE0070805000345	0070805000345		BNE0070805000345			修改
4	4	BNE0083408121245	0083408121245		BNE0083408121245			修改
5	5	BNE0083408121445	0083408121445		BNE0083408121445			修改
6	6	BNE0083408121545	0083408121545		BNE0083408121545			修改
7	7	BNE0083408121645	0083408121645		BNE0083408121645			修改
8	8	BNE0083408121745	0083408121745		BNE0083408121745			修改
9	9	BNE0083408121845	0083408121845		BNE0083408121845			修改
10	10	BNE0083408121945	0083408121945		BNE0083408121945			修改

图 6-10 逻辑地址档案界面

点击"采集点客户关系档案",输入客户编号,界面如图 6 - 11 所示。

图 6 - 11　采集点客户关系档案界面

三、台区同步查询

台区同步查询功能主要是对采集系统中台区同步进行查询的功能。

点击"运行管理—档案管理—台区同步查询",点击"台区同步查询",输入台区编号,界面如图 6 - 12 所示。

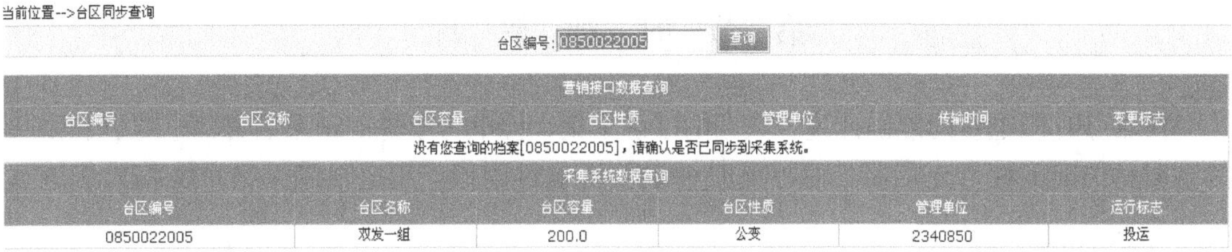

图 6 - 12　台区同步查询界面

四、用户同步查询

用户同步查询功能主要是对采集系统中的用户同步进行查询的功能。

点击"运行管理—档案管理—用户同步查询",点击"用户同步查询",输入用户编号,界面如图 6 - 13 所示。

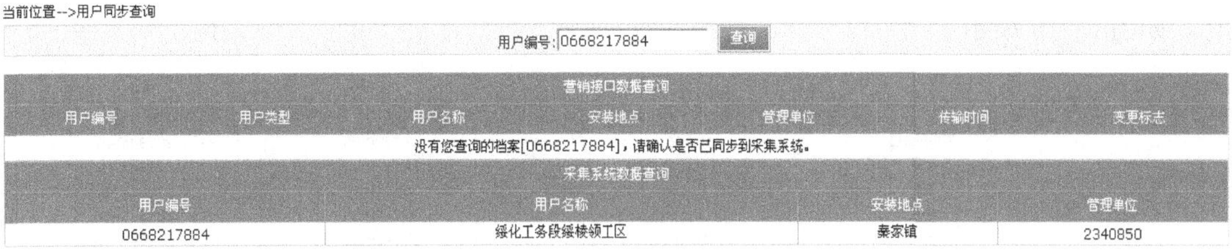

图 6 - 13　用户同步查询界面

五、档案异常分析

档案异常分析功能主要是对采集系统中用户同步情况进行分析的功能,通过对现场抄表参数与档案数据进行后台分析,分析现场终端抄表档案与主站档案参数不一致终端,并对异常档案进行提示。

点击"运行管理—档案管理—档案异常分析",点击"档案同步查询",可以选择相应的电业局、客服中心、线路台区进行查询,界面如图 6 - 14 所示。

绥化市郊电业局 | 市郊 | 先锋线 | [0850061002]腰房三組 | 查询

当前位置-->营销系统中存在[227]用户，如下用户的电能表在集中器中未定义　　台区：0850061002　　集中器：TRJ0084462006946

2	0665157550	赵学生	020987	腰房三組	0850061002	腰房三組
3	0665087572	张海彬	080800400102	腰房三組	0850061002	腰房三組
4	0665087615	翟中江	080803219002	腰房三組	0850061002	腰房三組
[illegible]	[illegible]	[illegible]	[illegible]	[illegible]	[illegible]	[illegible]
6	0665060332	赵学生	080803219402	腰房三組	0850061002	腰房三組
7	0665087571	张文发	080803219602	腰房三組	0850061002	腰房三組
8	0665060165	孙国英	080803219702	腰房三組	0850061002	腰房三組
9	0665002065	袁春辉	080803219802	腰房三組	0850061002	腰房三組
10	0665060157	李臣	080803503002	腰房三組	0850061002	腰房三組
11	0665090286	张文	080803512302	腰房三組	0850061002	腰房三組
12	0665058458	阮福	080803513402	腰房三組	0850061002	腰房三組
13	0665087574	徐志国	080803520102	腰房三組	0850061002	腰房三組

当前位置-->集中器中定义[1]电能表，如下电能表在营销系统中无对应的用户记录

序号	集中器逻辑地址	电表地址	电表类型	台区编号	台区名称
暂无记录!					

图 6-14　档案异常分析界面

第二节　时　钟　管　理

对于分时段电量的准确计量、数据的准确采集、停电等事件的记录而言，电能表和采集终端时钟的准确性十分重要，而目前时钟误差若超过阀值，用电信息采集系统将无法进行广播。

一、主站对时

主站对时功能主要是对通过采集系统与北京时间进行时间校对的功能，查询采集系统各类服务器的时钟信息，对于时钟异常的服务器，支持手工或自动对时功能。

采集主站配有一台基于 NTP 协议的专用校时服务器，上面连接 GPS 时钟。所有采集的前置机都与此连接来同步时间，而所有前置机基于串口通信对其携带终端进行校时，保证了所有终端的时间一致性与准确性。终端再基于这个时间来对下面的电表进行主播校时，保证了采集终端与计量终端的时钟准确性。主站对时界面，点击运行管理—时钟管理—主站对时，如图 6-15 所示。

当前位置-->主站对时

序号	类型	设备IP	时区	时间
1	时钟服务器	10.166.11.244	GMT+08:00	2013-06-08
2	前置	10.166.2.103	GMT+08:00	2013-06-08
2	前置	10.166.2.104	GMT+08:00	2013-06-08
2	前置	10.166.2.105	GMT+08:00	2013-06-08
2	前置	10.166.2.107	GMT+08:00	2013-06-08

图 6-15　主站对时界面

二、终端对时管理

终端对时管理功能主要是对通过采集系统对现场的集中器或者采集器时间进行时间校对的功能，采集系统可以对系统内全部终端进行广播对时或批量校时，也可以对单个终端进行校时。

点击“运行管理—时钟管理—终端对时”，终端对时管理可以选择某电业局相应的客服中心、线路以及台区进行查询，查询界面如图 6-16 所示。

选择某一台区，点击左上角“下发”按钮，终端对时下发成功界面如图 6-17 所示。

图 6-16 终端对时界面

	序号	线路编号	线路名称	台区编号	台区名称	逻辑地址	终端时间
✓	1	0850000061	先锋线	0850061001	腰房一二组	TRJ0084662003046	下发成功

当前位置-->终端对时管理   下发   召测

首页 上页 下页 尾页   1/1

图 6-17 下发成功界面

　　选择某一台区，点击左上角"召测"按钮，终端对时召测时间界面如图 6-18 所示。

	序号	线路编号	线路名称	台区编号	台区名称	逻辑地址	终端时间
✓	1	0850000061	先锋线	0850061001	腰房一二组	TRJ0084662003046	2013-06-08 09:49:01

当前位置-->终端对时管理   下发   召测

首页 上页 下页 尾页   1/1

图 6-18 召测界面

三、电能表对时管理

　　电能表对时管理功能主要是对通过采集系统对现场的电表时间进行时间校对的功能。

　　点击"运行管理—时钟管理—电能表对时管理"，电能表对时管理可以选择某电业局相应的客服中心、线路以及台区，查询出台区下所有电能表。查询界面如图 6-19 所示。

	序号	电表地址	逻辑地址	用户编号	用户名称	电表时间
	1	010903048132	TRJ0084462021346	null	null	-
	2	080700186606	TRJ0084462021346	0665082748	柳晓楠	-
	3	080700266506	TRJ0084462021346	0665082754	关成奎	-

图 6-19 终端对时界面

　　选择一或多个用户，点击左上角"下发"按钮，电能表对时下发成功界面如图 6-20 所示。

	序号	电表地址	逻辑地址	用户编号	用户名称	电表时间
✓	1	093631538110	HHX0094236613310	1101030864	鑫悦	下发失败

当前位置-->电能表对时管理   下发   召测

图 6-20 下发成功界面

　　选择一或多个用户，点击左上角"召测"按钮，电能表召测界面如图 6-21 所示。

四、时钟分析

　　时钟分析功能主要是对采集系统的采集设备时钟进行分析的功能，对产生时钟偏差的采集终端、电能表进行统计分析，为现场处理或者故障定位提供依据。

　　点击"运行管理—时钟管理—时钟分析"，选择电业局、客服中心、时间段、采集点类型等，查询界面如图 6-22 所示。

当前位置-->电能表对时管理　　　　　　　　　　　　　　　　　　　下发　召测

	序号	电表地址	逻辑地址	用户编号	用户名称	电表时间
☑	1	084400019146	TRJ0084462017046	0665087535	郭付	2013-06-08 10:00:45
□	2	084400025046	TRJ0084462017046	0665087551	任志国	2013-06-08 09:59:25
□	3	084400040346	TRJ0084462017046	0665086738	李武	-
□	4	084400049646	TRJ0084462017046	0665002029	马忠祥	2013-06-08 09:59:34
□	5	084400073446	TRJ0084462017046	0665086586	广德春	-
□	6	084400074346	TRJ0084462017046	0665086590	郭树忠	-
□	7	084400087446	TRJ0084462017046	0665087355	于永贵	-

图 6-21　电能表召测界面

图 6-22　时钟分析界面

第三节　运 行 状 况 管 理

用电信息采集系统运行状况管理包括主站运行状态、终端设备运行状态、电能表运行状态、通信信道监测、通信情况统计、操作监测、集中器监测、监控监测、设备入网检测。

一、主站运行状态

主站运行状态功能主要是对采集系统运行状态进行分析和展示的功能，实时显示通信前置机、应用服务器以及通信设备等的运行工况，检测报文合法性、统计每个通信端口及终端的通信成功率。

点击"运行管理—运行状况管理—主站运行状态"，主站运行状态就是对主站的状态进行查询，查询界面如图 6-23 所示。

二、终端设备运行状态

终端设备运行状态功能主要是对终端设备运行状态及通信情况进行分析统计和展示的功能。

点击"运行管理—运行状况管理—终端设备运行状态"，选择某电业局相应客服中心，根据日期查询某天设备运行状态，以哈尔滨电业局阿城客户服务中心为例，界面如图 6-24 所示。

采集终端运行状态明细：采集点名称、台区编号、终端地址、通信成功率、异常事件和状态。

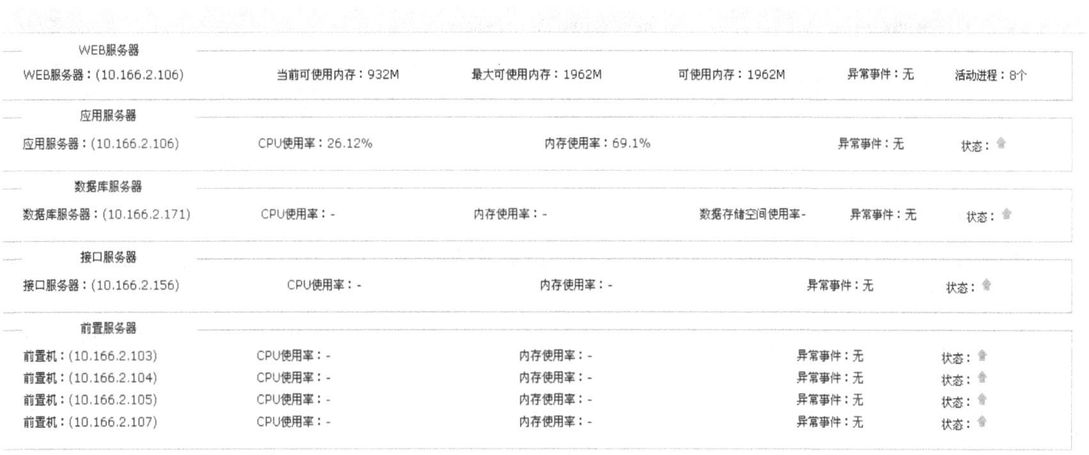

WEB服务器					
WEB服务器：(10.166.2.106)	当前可使用内存：932M	最大可使用内存：1962M	可使用内存：1962M	异常事件：无	活动进程：8个

应用服务器			
应用服务器：(10.166.2.106)	CPU使用率：26.12%	内存使用率：69.1%	异常事件：无	状态：⬆

数据库服务器				
数据库服务器：(10.166.2.171)	CPU使用率：-	内存使用率：-	数据存储空间使用率-	异常事件：无	状态：⬆

接口服务器			
接口服务器：(10.166.2.156)	CPU使用率：-	内存使用率：-	异常事件：无	状态：⬆

前置服务器			
前置机：(10.166.2.103)	CPU使用率：-	内存使用率：-	异常事件：无	状态：⬆
前置机：(10.166.2.104)	CPU使用率：-	内存使用率：-	异常事件：无	状态：⬆
前置机：(10.166.2.105)	CPU使用率：-	内存使用率：-	异常事件：无	状态：⬆
前置机：(10.166.2.107)	CPU使用率：-	内存使用率：-	异常事件：无	状态：⬆

图 6-23 电能表召测界面

日期：2013 06 07 哈尔滨电业局 阿城客户服务分中心 提交

当前位置-->阿城客户服务分中心-->采集终端运行状态(时间：2013-06-07)

序号	采集点	台区编号	终端地址	通信成功率(%)	异常事件	终端状态	操作
1	钢铁炼左分1#西	0109030003	CLU0112300002924	100.0	无	⬆	明细
2	供电家属楼	0109600075	CLU0112300003324	100.0	无	⬆	明细
3	房产综合楼	0109600123	CLU0112300003524	100.0	无	⬆	明细
4	拉林国税一分局	0109600129	CLU0112300003624	100.0	无	⬆	明细
5	老曹台区四	0109600025	CLU0112300003924	100.0	无	⬆	明细
6	拉林自来水公司*	0109600153	CLU0112300004124	100.0	无	⬆	明细
7	拉林第一中学*	0109600152	CLU0112300004224	100.0	无	⬆	明细
8	拉林房产小区	0109600008	CLU0112300004424	100.0	无	⬆	明细
9	佳易新型建材厂	0109600010	CLU0112300004524	100.0	无	⬆	明细
10	化肥库	0109600145	CLU0112300004724	100.0	无	⬆	明细

总计50541条记录【10条/页】【第1页/共5055页】[下一页][尾页]转到 1 页 go

图 6-24 终端设备运行状态界面

点击某采集点的明细即可在下方显示采集点的详细信息，如图 6-25 所示。

当前位置-->通信成功率明细(时间：2013-06-07)

序号	终端地址	时标	执行结果	状态信息
1	CLU0112300002924	2013-06-07 05:05:56	成功	[2013-06-07 05:00:01]派发成功[2013-06-07 05:00:04]入实时库:成功
2	CLU0112300002924	2013-06-07 05:49:33	成功	[2013-06-07 05:40:02]派发成功[2013-06-07 05:43:37]入实时库:成功
				[2013-06-07 10:46:04]派发成功[2013-06-07

图 6-25 采集点的详细信息界面

采集点明细显示：终端地址、时标、执行结果以及状态信息。

三、电能表运行状态

电能表运行状态功能主要是对电能表运行状态进行分析和展示的功能。

点击"运行管理—运行状况管理—电能表运行状态"，选择某电业局相应客服中心和线路、台区，查询电能表运行状态，以哈尔滨电业局阿城客户服务中心为例，界面如图 6-26 所示。

图 6-26　电能表运行状态界面

四、通信信道监测

通信信道监测功能主要是对现场的集中器或者采集器运行状态进行监测的功能，主要实时监测设备的上下线情况。

点击"运行管理—运行状况管理—通信信道监测"，进入通信信道监测，界面如图 6-27 所示。

当前位置-->通信信道监测

				信道GPRS				
通道	信道	速率	异常事件	状态	终端总数	在线数	下线数	在线率
GPRS	GPRS	64kb/s	无	🔼	58426	53052	5374	90.80%

图 6-27　通信信道监测界面

通信信道明细显示：通道、信道、速率、异常事件、状态、终端总数、在线数、下线数以及在线率。

五、通信情况统计

通信情况统计功能主要是对现场的集中器或者采集器运行状态进行监测的情况进行统计的功能。

点击"运行管理—运行状况管理—通信情况统计"，进入通信情况统计界面，如图 6-28 所示。

图 6-28　通信情况统计界面

六、操作监测

操作监测功能主要是对采集系统中集中器的删除和添加、电能表的删除和添加情况进行监测和统计的功能。

点击"运行管理—运行状况管理—操作监测"，净增查询，选择某电业局相应客服中心，查询该局下集抄设备增删统计（净增净减）窗体顶端、窗体底端，以哈尔滨电业局阿城客户服务中心为例。界面如图 6-29 所示。

◉ 净增查询 ○ 按月查询 哈尔滨电业局 阿城客户服务分中心 2013 06 07 提交

当前位置-->阿城客户服务分中心集抄设备增删统计(净增净减)

序号	客服中心名称	昨日增删统计(2013-06-07)				周增删统计(2013-06-01至2013-06-07)				月增删统计(2013-05-09至2013-06-07)			
		新增集中器	删除集中器	新增电表	删除电表	新增集中器	删除集中器	新增电表	删除电表	新增集中器	删除集中器	新增电表	删除电表
1	阿城客户服务分中心	0	0	1	0	0	0	253	9	3	18	88560	0
	合计	0	0	1	0	0	0	253	9	3	18	88560	0

图 6-29 净增查询界面

按月查询，选择某电业局相应客服中心，查询该局下集抄设备增删统计（净增净减），以哈尔滨电业局阿城客户服务分中心为例，界面如图 6-30 所示。

○ 净增查询 ◉ 按月查询 哈尔滨电业局 阿城客户服务分中心 2013 06 提交

当前位置-->阿城客户服务分中心集抄设备增删统计(时间:2013-06-01至2013-06-07)

序号	客服中心名称	新增集中器	删除集中器	新增电表	删除电表
1	阿城客户服务分中心	0	0	88560	0
	合计	0	0	88560	0

图 6-30 按月查询界面

七、集中器监测

集中器监测功能主要是对采集系统中集中器的删除和添加情况进行监测和统计的功能。

点击“运行管理—运行状况管理—集中器监测”，选择某电业局相应客服中心，查询集中器具体操作情况，以哈尔滨电业局阿城客户服务分中心为例，月、周、日界面分别如图 6-31、图 6-32、图 6-33 所示。

当前位置-->阿城客户服务分中心集中器操作月统计(起始时间:2013-05-09 至 2013-06-07)

进入页面时间: 2013-06-08 14:33

序号	客服中心名称	配置集中器	新增集中器	删除集中器	新增电表	删除电表	修改电表
1	阿城客户服务分中心	135	11	18	1167	603	66
	合计	135	11	18	1167	603	66

图 6-31 集中器月操作统计界面

当前位置-->阿城客户服务分中心集中器操作周统计(起始时间:2013-06-01 至 2013-06-07)

进入页面时间: 2013-06-08 14:34

序号	客服中心名称	配置集中器	新增集中器	删除集中器	新增电表	删除电表	修改电表
1	阿城客户服务分中心	24	0	0	255	2	0
	合计	24	0	0	255	2	0

图 6-32 集中器周操作统计界面

当前位置-->当前位置-->阿城客户服务分中心集中器操作记录统计(起始时间:2013-06-07)

进入页面时间: 2013-06-08 14:34

序号	客服中心名称	配置集中器	新增集中器	删除集中器	新增电表	删除电表	修改电表
1	阿城客户服务分中心	1	0	0	1	0	0
	合计	1	0	0	1	0	0

图 6-33 集中器日操作统计界面

八、监控监测

费控监测功能主要是对采集系统中电能表的阀控（电能表停送电）情况进行监测和统计的功能。

点击“运行管理—运行状况管理—费控监测”，选择某电业局相应客服中心，查询某客户服务分中心费控统计，以哈尔滨电业局阿城客户服务中心为例，分别以月、周、日查询。

费控月统计只能查询 30 天数据，如 2013 年 6 月 8 日当天查询，则所查是从 2013 年 5 月 9 日到 2013 年 6 月 7 日的费控统计，如图 6-34 所示。

费控周统计只能查询 7 天数据，如 2013 年 6 月 8 日当天查询，则所查是从 2013 年 6 月

○按日 ○按周 ◉按月 哈尔滨电业局 阿城客户服务分中心 当前月 提交

当前位置-->阿城客户服务分中心费控月统计(2013-05-09 至 2013-06-07) 当前统计时间：2013-06-08 14:47

序号	客服中心名称	主站/停电/次数/总数	主站/停电/次数/成功	主站/停电/次数/失败	主站/停电/次数/成功率	主站/停电/户数/总数	主站/停电/户数/成功	主站/停电/户数/失败	主站/停电/户数/成功率	主站/送电/次数/总数	主站/送电/次数/成功	主站/送电/次数/失败	主站/送电/次数/成功率	主站/送电/户数/总数	主站/送电/户数/成功	主站/送电/户数/失败	主站/送电/户数/成功率	主站/合计/次数/总数	主站/合计/次数/成功	主站/合计/次数/失败	主站/合计/次数/成功率	主站/合计/户数/总数	主站/合计/户数/成功	主站/合计/户数/失败	主站/合计/户数/成功率	批量/停电/次数/总数	批量/停电/次数/成功	批量/停电/次数/失败	批量/停电/次数/成功率	批量/停电/户数/总数	批量/停电/户数/成功	批量/停电/户数/失败	批量/停电/户数/成功率	批量/送电/次数/总数	批量/送电/次数/成功	批量/送电/次数/失败	批量/送电/次数/成功率	批量/送电/户数/总数	批量/送电/户数/成功	批量/送电/户数/失败	批量/送电/户数/成功率	总数
1	阿城客户服务分中心	[illegible]	[illegible]	[illegible]	[illegible]	[illegible]	[illegible]	[illegible]	[illegible]	[illegible]	[illegible]	[illegible]	[illegible]	[illegible]	[illegible]	[illegible]	[illegible]	[illegible]	[illegible]	[illegible]	[illegible]	[illegible]	[illegible]	[illegible]	[illegible]	0	0	0	0%	0	0	0	0%	81	0	81	0%	75	0	0	0%	81
	合计	1625	1449	176	89%	1554	1439	115	93%	1350	1242	108	92%	1320	1236	84	94%	2975	2691	284	90%	2025	1885	140	93%	0	0	0	0%	0	0	0	0%	81	0	81	0%	75	0	0	0%	81

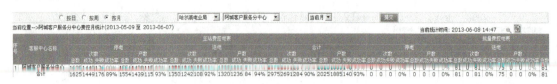

图 6－34　费控月统计界面

1 日到 2013 年 6 月 7 日的费控统计，如图 6－35 所示。

○按日 ◉按周 ○按月 哈尔滨电业局 阿城客户服务分中心 当前周 提交

当前位置-->阿城客户服务分中心费控周统计(2013-06-01 至 2013-06-07) 当前统计时间：2013-06-08 14:49

序号	客服中心名称	主站/停电/次数/总数	主站/停电/次数/成功	主站/停电/次数/失败	主站/停电/次数/成功率	主站/停电/户数/总数	主站/停电/户数/成功	主站/停电/户数/失败	主站/停电/户数/成功率	主站/送电/次数/总数	主站/送电/次数/成功	主站/送电/次数/失败	主站/送电/次数/成功率	主站/送电/户数/总数	主站/送电/户数/成功	主站/送电/户数/失败	主站/送电/户数/成功率	主站/合计/次数/总数	主站/合计/次数/成功	主站/合计/次数/失败	主站/合计/次数/成功率	主站/合计/户数/总数	主站/合计/户数/成功	主站/合计/户数/失败	主站/合计/户数/成功率	批量/停电/次数/总数	批量/停电/次数/成功	批量/停电/次数/失败	批量/停电/次数/成功率	批量/停电/户数/总数	批量/停电/户数/成功	批量/停电/户数/失败	批量/停电/户数/成功率	批量/送电/次数/总数	批量/送电/次数/成功	批量/送电/次数/失败	批量/送电/次数/成功率	批量/送电/户数/总数	批量/送电/户数/成功	批量/送电/户数/失败	批量/送电/户数/成功率	批量/合计/次数/总数	批量/合计/次数/成功	批量/合计/次数/失败	批量/合计/次数/成功率
1	阿城客户服务分中心	177	158	19	89%	167	156	11	93%	147	136	11	93%	142	133	9	94%	324	294	30	91%	264	246	18	93%	0	0	0	0%	0	0	0	0%	23	0	23	0%	23	0	0	0%	23	0	23	0%
	合计	177	158	19	89%	167	156	11	93%	147	136	11	93%	142	133	9	94%	324	294	30	91%	264	246	18	93%	0	0	0	0%	0	0	0	0%	23	0	23	0%	23	0	0	0%	23	0	23	0%

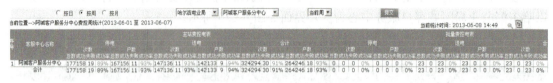

图 6－35　费控周统计界面

费控日统计只能查询一天的数据，如 2013 年 6 月 8 日当天查询，则所查日期是 2013 年 6 月 7 日的费控统计，如图 6－36 所示。

◉按日 ○按周 ○按月 哈尔滨电业局 阿城客户服务分中心 2012 03 01 提交

当前位置-->阿城客户服务分中心集中器操作记录统计(起始时间:2013-06-07) 当前统计时间：2013-06-08 14:49

序号	客服中心名称	主站/停电/次数/总数	主站/停电/次数/成功	主站/停电/次数/失败	主站/停电/次数/成功率	主站/停电/户数/总数	主站/停电/户数/成功	主站/停电/户数/失败	主站/停电/户数/成功率	主站/送电/次数/总数	主站/送电/次数/成功	主站/送电/次数/失败	主站/送电/次数/成功率	主站/送电/户数/总数	主站/送电/户数/成功	主站/送电/户数/失败	主站/送电/户数/成功率	主站/合计/次数/总数	主站/合计/次数/成功	主站/合计/次数/失败	主站/合计/次数/成功率	主站/合计/户数/总数	主站/合计/户数/成功	主站/合计/户数/失败	主站/合计/户数/成功率	批量/停电/次数/总数	批量/停电/次数/成功	批量/停电/次数/失败	批量/停电/次数/成功率	批量/停电/户数/总数	批量/停电/户数/成功	批量/停电/户数/失败	批量/停电/户数/成功率	批量/送电/次数/总数	批量/送电/次数/成功	批量/送电/次数/失败	批量/送电/次数/成功率	批量/送电/户数/总数	批量/送电/户数/成功	批量/送电/户数/失败	批量/送电/户数/成功率	次数/总数	次数/成功	次数/失败	次数/成功
1	阿城客户服务分中心	7	7	0	100%	7	7	0	100%	15	15	0	100%	14	14	0	100%	22	22	0	100%	19	19	0	100%	0	0	0	0%	0	0	0	0%	3	0	3	0%	3	0	0	0%	3	0	3	0%
	合计	7	7	0	100%	7	7	0	100%	15	15	0	100%	14	14	0	100%	22	22	0	100%	19	19	0	100%	0	0	0	0%	0	0	0	0%	3	0	3	0%	3	0	0	0%	3	0	3	0%

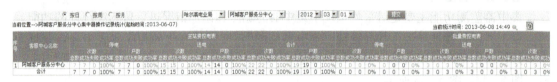

图 6－36　费控日统计界面

九、设备入网检测

设备入网检测功能主要是对采集系统中采集设备入网情况进行检测的功能。

点击“运行管理—运行状况管理—设备入网检测”，设备入网检测，默认进去是全部，即省内所有设备信息统计，可以按年份、批次进行查询。如果想查看已安装设备，点击“已安装”按钮，选择相应的电业局及设备类型。以查询哈尔滨电业局公变终端为例，查询历史所有数据，查询界面如图 6－37 所示。

○全部 ◉已安装 哈尔滨电业局 公变终端 年份 全部 批次 全部 2013 06 07 提交

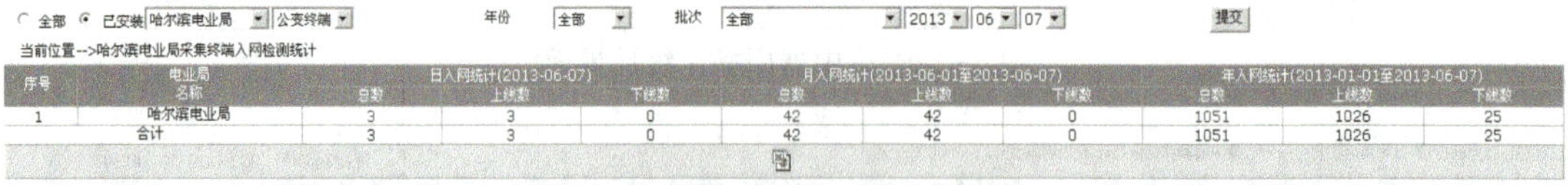

当前位置-->哈尔滨电业局采集终端入网检测统计

序号	电业局名称	日入网统计(2013-06-07) 总数	日入网统计 上线数	日入网统计 下线数	月入网统计(2013-06-01至2013-06-07) 总数	月入网统计 上线数	月入网统计 下线数	年入网统计(2013-01-01至2013-06-07) 总数	年入网统计 上线数	年入网统计 下线数
1	哈尔滨电业局	3	3	0	42	42	0	1051	1026	25
	合计	3	3	0	42	42	0	1051	1026	25

图 6－37　入网设备检查信息界面

第七章 业 扩 报 装

"YX2012营业管理系统"的业扩报装部分是利用 B/S 构架实现，也可以解释为网页浏览器与服务器端进行数据交互的模式，如图 7-1 所示。

图 7-1 营业管理系统登录界面

当前版本主要主要内容包括以下几个部分：

登记管理：新装、全撤、增容、减容、暂停、复用、换表、用电类别变更、档案维护、维护用户计算标志。

台区管理：新建台区和台区编辑。

系统管理：修改密码、人员维护、编码管理、角色维护。

综合查询：变压器查询和登记书查询。

代办工作：查看及审批业扩流程、退费申请等内容。

第一节 登 记 管 理

按照营销"一部三中心"管理模式，依托营销技术支持系统，实行业扩报装全过程闭环管理，实现业扩报装工作程序标准化、业务流程规范化，简化用电手续，缩短业扩报装周期，提高服务质量和服务效率。

一、新装流程与操作

此环节的主要功能是为用户申请新用电、处理新用户的申请信息。

操作员点击登记管理中的"新装"选项进入新装申请受理界面，此界面分为五个部分，如图 7-2 所示。

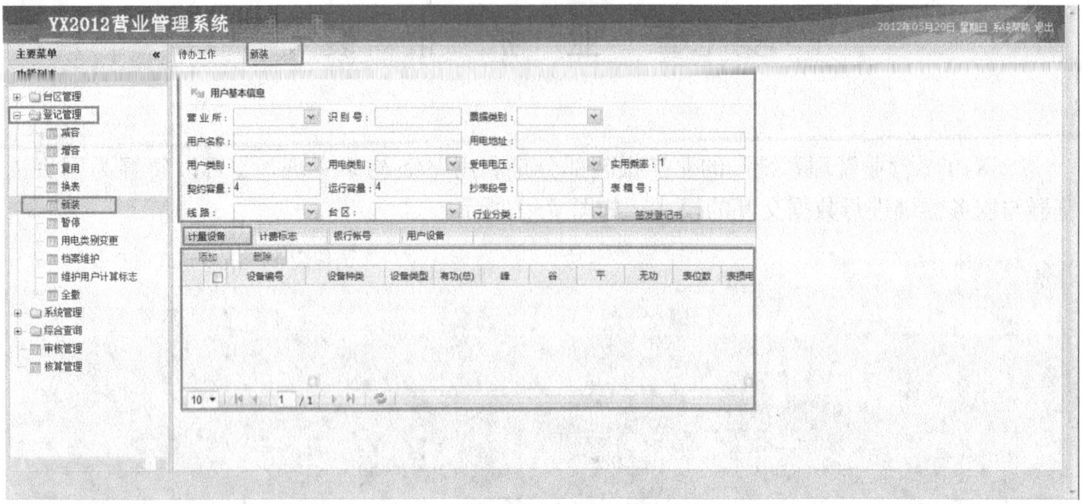

图 7-2 用户新装主界面

1. 用户基本信息

营业所：选择所属的供电单位。

识别号：曾叫"业务号"，用户的原程序用户号，新装用户无意义。

票据类别：为新装用户选择缴费票据的类别，根据用户需求不同选择不同方式。

用户名称：新申请用电的用户名称。

用户地址：申请用电的地址。

用户类别：根据申请用户的不同用途选择不同的权限。

用电类别：用户申请用电的类别。

受电电压：供电电压的等级。

实用乘率：用电的实用乘率。

契约容量：用户所要申请的容量。

运行容量：所有运行的受电设备的容量之和。

抄表段号：用户用电的抄表段号。

表箱号：用户对应电表箱号码。

线路：用户用电所占用的线路。

台区：变压器的供电范围或区域。

行业分类：所属的行业类别，如轻工业、重工业、采矿业。

2. 计量设备

此界面对客户的受电计量设备信息进行录入。点击左上角的"计量设备"按钮对"计量设备"中的内容进行信息录入操作，如图 7-3 所示。

点击左上角"添加"按钮弹出提示框，根据添加项添加设备。如图 7-4、图 7-5 所示。

可以勾选白框选择要删除的设备，点击删除，如图 7-5 所示。

3. 计费标志

此界面对客户的计费标志信息进行录入，如图 7-6 所示。

图 7-3　受电计量信息录入界面

图 7-4　添加设备界面

图 7-5　删除设备界面

基本电费标志：选择收取电费方式。

力率标准：选择力率标准（默认为无）。

协议力率：用电的协议力率。

峰谷标志：选择是否加入峰谷标志（默认为否）。

变损计算标志：选择是否添加变损计算标志（默认为否）。

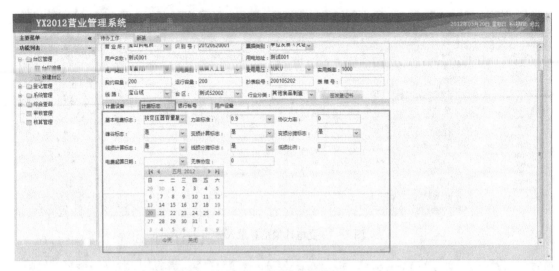

图 7-6　计费标志界面

变损分摊标志：选择是否添加变损分摊标志（默认为否）。
线损计算标志：选择是否添加线损计算标志（默认为否）。
线损分摊标志：选择是否添加线损分摊标志（默认为否）。
低损比例：用电的低损比例。
电费起算日期：点击下拉列表选择日期。

4. 银行账号

此界面对客户的银行账号信息进行录入，点击"银行账号"按钮进行录入，如图 7-7 所示。

图 7-7　银行账号界面

用户全称：填写注册新用户的用户全称。
托收号：填写托收号。
用户税号：填写用户税号。
用户开户银行：选择用户开户银行的种类。
用户银行账号：填写用户银行账号号码。

电费银行：选择用户缴纳电费使用银行的名字。

电费账号：填写用户所对应的电费账号。

5. 用户设备

此界面对客户的用电设备信息进行录入。选择"用户设备"按钮进行录入，如图7-8所示。

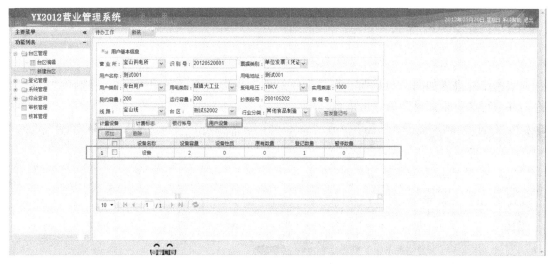

图7-8 用户设备界面

操作员点击左上角的"添加"按钮进行用户设备的录入。

勾选白框点击"删除"按钮，即可删除已选定的用户设备。

6. 签发登记书

必须在仔细添加完以上信息后方可点击签发登记书按钮，如图7-9所示，即可完成操作。

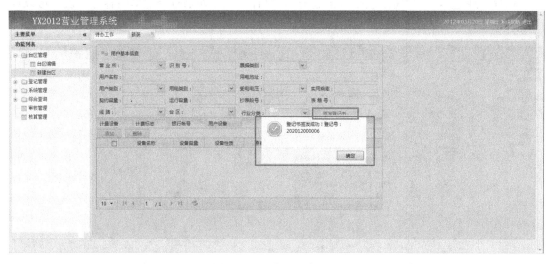

图7-9 签发登记书界面

7. 审核登记书

如图7-10所示，回到代办工作页面，点击页面下方的"刷新"按钮，就会出现刚才签发的新装登记书审核流程。

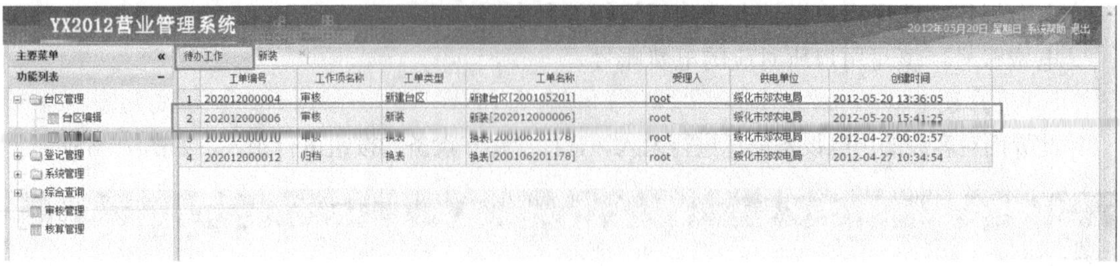

图 7-10　审核登记书界面

双击流程进入如图 7-11 所示的"业务处理"界面，进行登记书审核，选择"审批结论"并填写"审批意见"后点击审批。

图 7-11　审批结论界面

选择"通过"，流程将继续推进至登记书"归档"，但如果对登记书内容有异议，可以如图 7-12 所示，选择"不通过"将登记书退回。

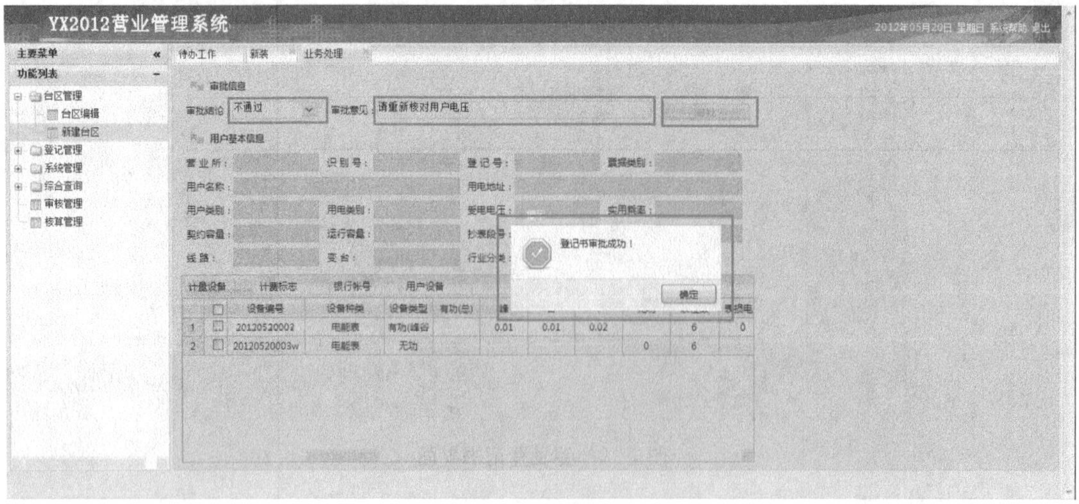

图 7-12　归档界面

回到待办工作页面，点击刷新，如图 7-13 所示本条登记书刚才的"工作项名称"已经从"审核"变成了"整理"。

图 7-13 待办工作界面

双击进入如图 7-14 页面进行处理，修改完成后点击整理提交，重新提交审核，或者点击工单作废来中止流程。

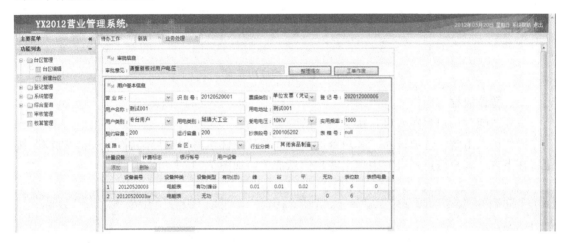

图 7-14 整理提交界面

8. 登记书归档

如图 7-15、图 7-16 所示，进入归档页面后，点击"归档"完成业扩流程。推进至归档的业扩流程无法再做任何修改，流程结束。

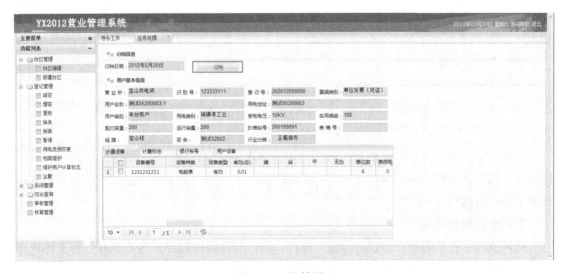

图 7-15 归档界面

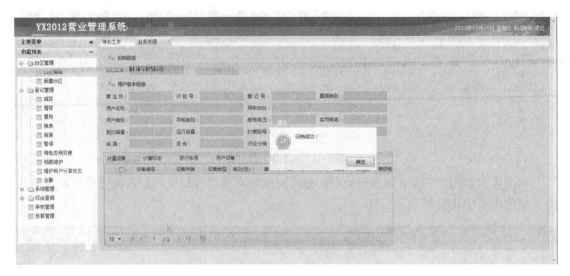

图 7-16　归档成功界面

二、暂停流程与操作

主要功能为用户暂停入口，接受客户的变更申请。

操作员点击暂停选项进入"客户查询"界面通过条件填写用户号码后，点击"查询"按钮将在下方"客户信息列表"中列出客户信息清单，如图 7-17 所示。

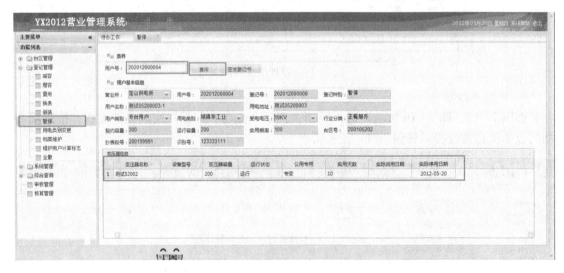

图 7-17　客户查询界面

操作员在仔细核对了客户历史信息后，填写相关变压器信息，如"实际停用日期"，将变压器"运行状态"更改为"暂停"，点击"签发登记证书"推进至"审核"流程，审核后将登记书"归档"，完成流程。

三、全撤流程与操作

此环节的主要功能是：因客户拆迁、停产、破产等原因办理停止客户全部电容量的使用和供电部门终止为客户供用电。

录入用户号后，点击"查询"按钮。满足条件查询的用户信息将显示在页面下部的用户基本信息中，如图 7-18 所示。

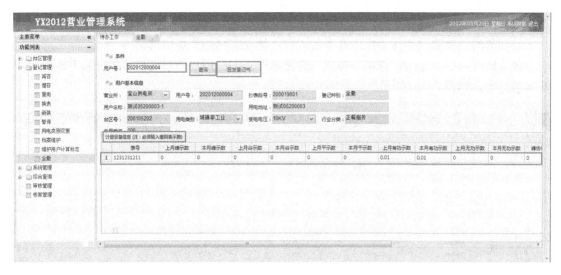

图 7-18 撤销界面

计量设备信息：显示计量设备信息，必须输入撤回表示数。

操作员仔细审查同意后点击"签发登记书"，推进至"审核"流程，审核后将登记书"归档"，完成流程。则可执行对相应用户的全撤。

四、复用流程与操作

作为复装业务的入口，接受客户的变更申请。

录入用户号后，点击"查询"按钮。满足条件查询的用户信息将显示在页面下部的用户基本信息中，如图 7-19 所示。

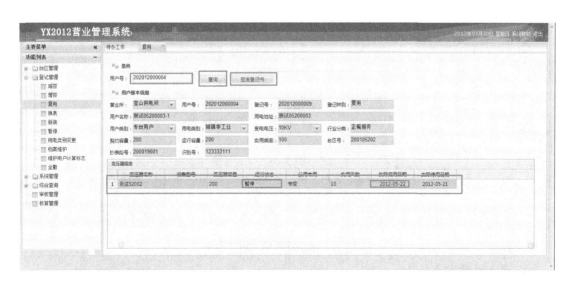

图 7-19 复装界面

　　操作员在仔细核对了客户历史信息后，填写相关变压器信息，如"实际启用日期"，将变压器"运行状态"更改为"运行"，点击"签发登记证书"推进至"审核"流程，审核后将登记书"归档"，完成流程，则可执行对相应用户的复用。

五、换表流程与操作

　　此环节的主要功能为作为换表业务的入口，接受客户的变更申请。

　　录入用户号后，点击"查询"按钮。满足条件查询的用户信息将显示在页面下部的用户基本信息中，如图 7-20 所示。

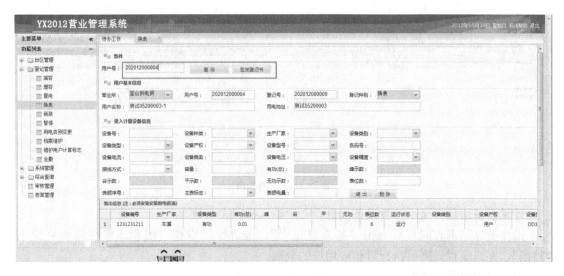

图 7-20　换表界面

　　在"录入计量设备信息"中录入要换用的表的基本信息。如图 7-21 所示。

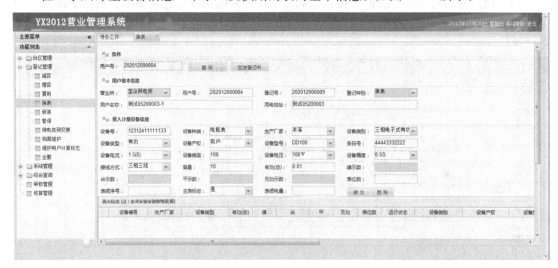

图 7-21　录入计量设备信息界面

1. 录入计量设备信息

设备号：添加表的设备号码。

设备种类：选择表的种类。

生产厂家：选择表的生产厂家。

设备类别：选择设备的类别。

设备类型：选择设备类型。

设备产权：选择设备产权。

设备型号：选择设备型号。

条码号：添加设备条码号。

设备电流：选择设备电流。

设备乘率：添加设备乘率。

设备电压：选择设备电压。

设备精度：选择设备精度。

表相别：选择表的相别。

容量：表容量。

有功（总）、峰示数、谷示数、平示数、无功示数这些框内为灰色的字段是根据设备类型的选择而变化的，当设备类型选择有功，则可添加有功（总）表示数，否则不能添加。

表位数：添加表位数。

表编号：添加表编号。

主表标志：选择是否添加标志。

表损电量：添加表损电量。

2. 装出信息与撤回信息

当操作员输出正确的用户号查询出用户的基本信息后，装出信息也同时有一条与用户相匹配的电能表设备信息。双击装出信息中要撤回的表，旧表将自动进入撤回信息中，如图7-22、图7-23所示。

图 7-22　装出表界面

当添加完计量设备基本信息后，点击"装出"按钮，则基本信息显示在装出信息中，如图7-24所示，表计信息核对完成后，点击"签发登记证书"推进至"审核"流程，审核后将登记书"归档"，完成流程，则可执行对相应用户的换表流程。

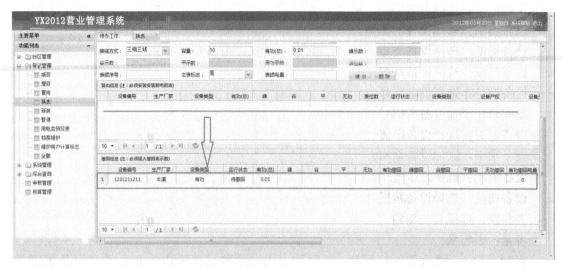

图 7-23 撤回界面

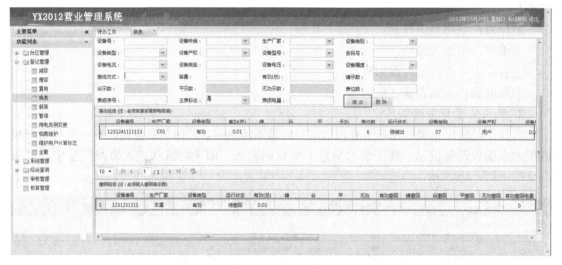

图 7-24 换表完成界面

六、用电类别变更流程与操作

此环节的主要功能为作为用电类别变更业务的入口，接受客户的变更申请。

录入用户号后，点击"查询"按钮。满足条件查询的用户信息将显示在页面下部的用户基本信息中。如图 7-25 所示。

1. 用户基本信息

用户基本信息请参考本文新装流程与操作部分的内容。

2. 分算信息

居民：添加是否属于居民。

非居民：添加是否属于非居民。

排灌：添加是否属于排灌。

农业生产：添加是否属于农业生产。

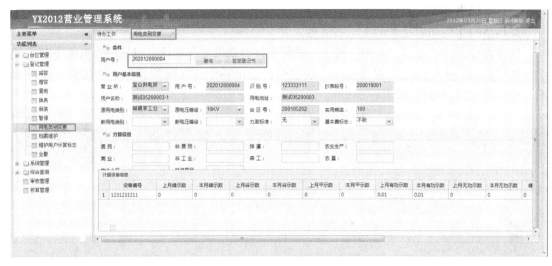

图 7-25 用电类别变更界面

商业：添加是否属于商业。

非工业：添加是否属于非工业。

森工：添加是否属于森工。

农垦：添加是否属于农垦。

物业小区：添加是否属于物业小区。

转供居民：添加是否属于转供居民。

当操作员输入相应修改内容，并确定无误后点击"签发登记证书"推进至"审核"流程，审核后将登记书"归档"，完成用电类别变更流程。

第二节 查 询 管 理

"YX营业管理系统"V1.0中B/S部分的综合查询只提供了变压器查询和登记书查询两种，其他查询功能将在后续版本中陆续完善增加。

一、变压器查询

此环节的主要功能是查询变压器信息部框架。如图 7-26 所示，可以按营业所、线路、台区、用户号查询，可以单一条件查询，也可以实现多条件查询。

图 7-26 变压器查询界面

二、登记书查询

此环节的主要功能是查询登记书信息。

选择查询条件，点击"查询"按钮。满足条件查询的变压器信息将显示在页面下部框架中。如图 7-27 所示，可以按营业所、登记员、登记种别、时间段查询，可以单一条件查询，也可以实现多条件查询。

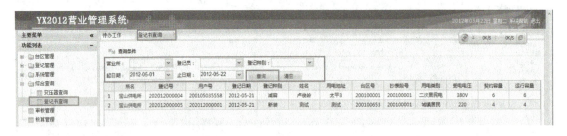

图 7-27　登记书查询界面

第三节　系　统　管　理

业扩报装系统管理包括权限说明、人员维护、角色维护。

一、权限说明

本系统人员权限由人员、角色、菜单构成，每个人员可以拥有一个或几个"角色"，每个角色可以关联一个或几个菜单，可以自定义角色可以读取的菜单。下面将对人员、角色和菜单的相互关联操作详细说明。

此环节的主要功能是修改当前用户密码。

如图 7-28 所示的界面进行操作，修改当前用户密码，请牢记修改后的密码。本系统采用 MD5 算法加密，为计算机安全领域广泛使用的一种散列函数，密码设置之后，在后台数据库也无法直接看见密码，请谨慎修改。

图 7-28　分配权限界面

二、人员维护

此环节的主要功能是添加人员及维护人员权限，如图 7-29 所示界面进行操作。

1. 添加人员

点击右上角"新增数据"，弹出"新增人员"界面，录入相关信息后点击"保存"，将弹

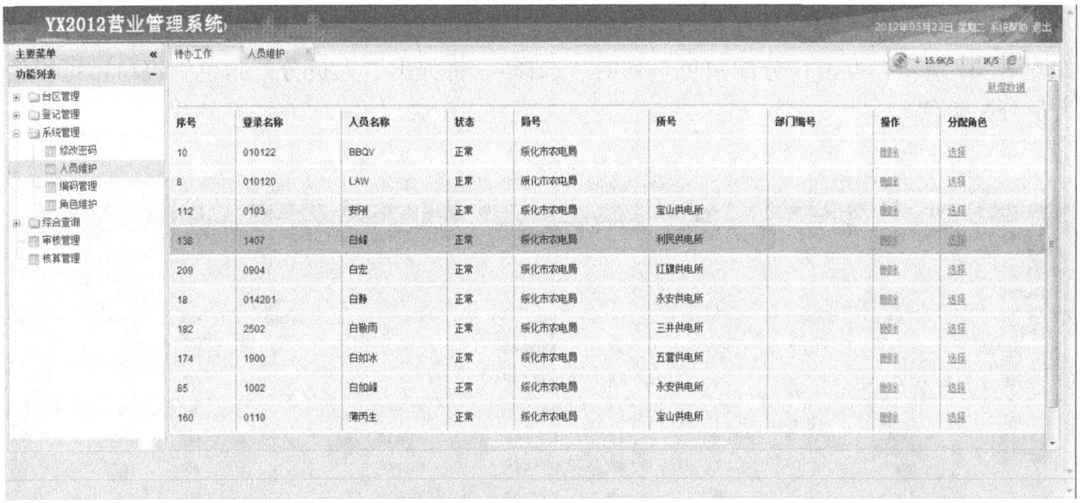

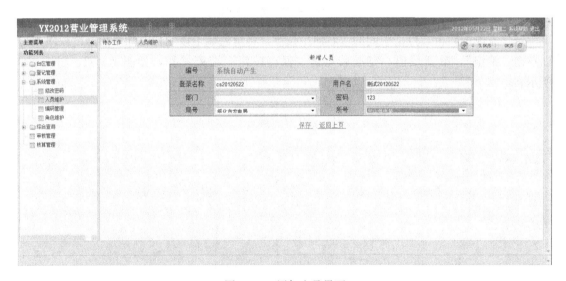

图 7-29 人员维护界面

出"用户添加成功"的系统提示框。确定后点击"返回上页",回到人员维护界面,如图 7-30 所示。

图 7-30 添加人员界面

登录名称:程序登录名,由英文和数字组成,规则任意。

用户名:人员姓名,可以输入中文、英文、数字。

部门:当前版本暂时无法选择。

密码:登录密码,一般由英文和数字组成。

局号:人员所属局,在下拉菜单中选择。

所号:人员所属营业所,在下拉菜单中选择。

2. 现有人员维护

在"人员维护"界面选择相应用户所在行"操作"列的"删除"按钮可删除所选用户，如图7-31所示，点击"分配角色"列的"选择"，将弹出"人员分配角色"窗口，可以给人员分配角色。

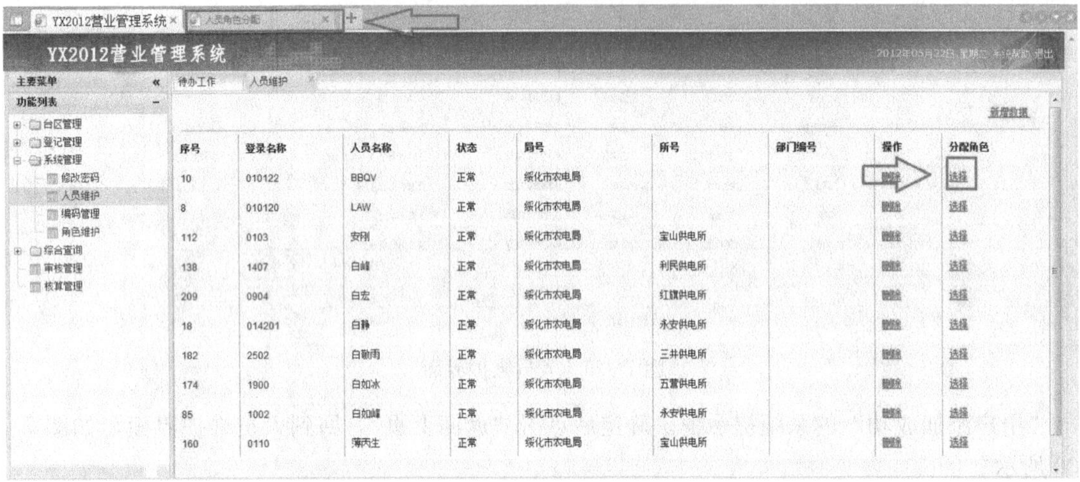

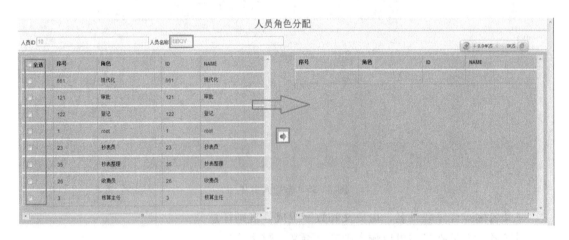

图7-31　现有人员维护界面

选择左侧的角色，点击中间的"右向"按键，将角色赋予该用户，如果想修改权限则可以点击"清空"，重新赋值，完成后点击"保存按钮"结束操作，如图7-32、图7-33所示。

图7-32　人员分配界面

三、角色维护

此环节的主要功能是修改当前用户密码，如图7-34所示的界面进行操作。

新增角色，如图7-35所示，点击"增加"按钮，出现了一条"编号"为"681"的新角色记录，点击"分配功能"列的"select"按钮给角色分配功能菜单。

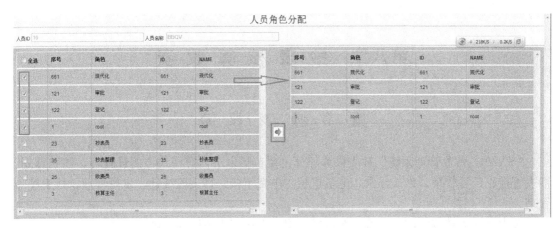

图 7 - 33　角色分配完成界面

图 7 - 34　角色维护界面

图 7 - 35　新增角色界面

第八章 抄表核算收费

第一节 抄 表 核 算

"YX2012营业管理系统"抄表核算部分主要包括以下内容模块：例日管理、抄表计划、抄表管理、计算管理、抄表异常、电量审核、电费审核、抄表段统计、发行管理、抄表序号管理。

选中"抄表核算"图标，按回车键或用鼠标左键双击该图标，则启动系统。

用户首先需在登录名处输入登录名称（抄表整理人员的登录账号），如图8-1所示。

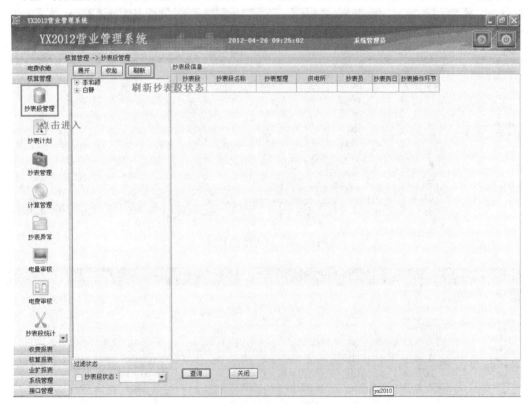

图8-1 抄表段管理界面

一、抄表段管理

将各个抄表段分到相应的供电所中，确定每个抄表段名称、抄表整理姓名、抄表员姓名、修改抄表例日日期。

选中主菜单"核算管理"下的"抄表段管理"，则出现图8-2所示界面。

左侧树形结构表示查询条件，共分四个等级，依次为抄表整理人员、供电所、抄表员、抄表段。如果抄表整理为空，则该抄表段不归任何抄表整理人员和抄表员管理。双击左侧树形结构，如果选择的是抄表整理人员，右侧显示抄表整理人员下的所有抄表段。

图 8-2　抄表段信息界面

　　如果选择的是用供电所,右侧显示该抄表整理人员下该供电所的所有抄表段。如果选择抄表员,则显示该抄表整理人员名下的所有抄表段名称。如果选择抄表段,则显示指定抄表段。右侧显示抄表段信息后,操作员可对以下几列信息进行修改:抄表段名称、抄表整理、供电所、抄表员,抄表例日。其中供电所、抄表整理、抄表员为下拉框选择,抄表例日可以输入数字。信息修改时,显示如图 8-2 所示。

　　按"上"或者"下"按钮,即可保存抄表段信息。

二、抄表计划

　　从基础表中提取与发行有关的数据到临时表中。选中主菜单"核算管理"下的"抄表计划",如图 8-3 所示界面。

　　用鼠标单击左侧"抄表整理"加号,系统将形式列出登录时抄表整理所管理的全部供电所和抄表员。单击"抄表员名"将显示此抄表员下能够进行数据准备的抄表段号和抄表段状态,双击"抄表段号",抄表段号将出现在右侧的窗口中。可以选择多抄表段同时进行数据准备。

　　可以进行数据准备的抄表段状态有"未处理"。选择完抄表员以后,用鼠标单击"数据准备"按钮,系统开始提取数据。提示信息处提示正在进行的操作。最后若提示信息显示"数据准备完毕",则数据提取成功;否则显示"数据提取失败"。

三、抄表管理

　　手工录入抄表表示数。

　　选中主菜单"核算管理"下的"抄表管理"。点开左侧"抄表整理"下的供电所的抄表员,双击"选择抄表员"的抄表段,该抄表段下的所有已经数据准备的用户,显示在右侧表格中。操作员可直接将本月表数,协议电量输入,输入后按回车或者向下键,本行数据进行保存,同时计算抄见电量。所有用户输入完毕后,点击"保存",将输入的信息保存到数据库,如图 8-4 所示界面。

　　点击"提交"按钮,该抄表段为已下装状态,可以进行计算用户电量。

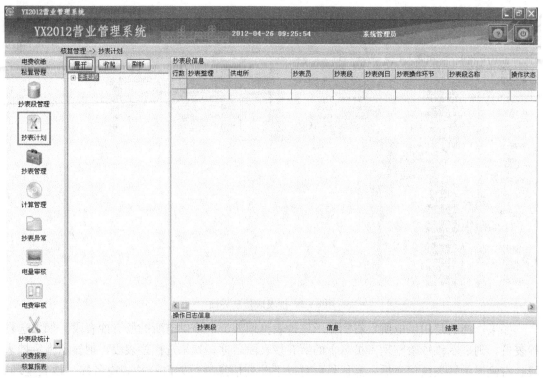

图 8-3　抄表计划界面

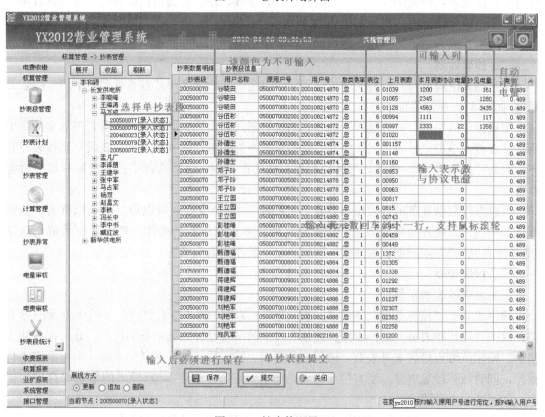

图 8-4　抄表管理界面

如果用户本月电量为空，没有走字，即默认为上月表示数。

四、计算管理

计算用户电量。

选中主菜单"核算管理"下的"计算管理"，如图 8-5 所示界面。点开左侧抄表整理下供电所的抄表员，双击选择抄表员的已下装抄表段，该抄表段下的所有的用户，显示在右侧表格中。

点击"计算"，将计算该抄表段的用户电量，计算后的汇总信息在抄表段量费查询中显示，异常信息在操作日志信息中显示。

图 8-5　计算管理界面

五、抄表异常

查询用户电量异常信息。异常信息包括：抄见电量波动、当月抄见零电量用户、总电量与各时段电量不平、止度小于起度、存在示数差且不相等但抄见电量为空或为 0、有功电量不为零而无功电量为零异常、负电量异常等。

选中主菜单"核算管理"下的"抄表异常"，如图 8-6 所示。

六、电量审核

对用户的电量进行审核及重新计算。

选中主菜单"核算管理"下的"电量审核"。

本功能除按照树形结构查询用户电量信息外，也可以进行自定义查询，选择查询树后的 TAB 页面，如图 8-7 所示。可以勾选查询条件前的复选框，进行自定义查询，查询后，用户的电量信息显示在右侧。

七、电费审核

对用户的电费进行查询与审核，确认后对抄表段进行提交。

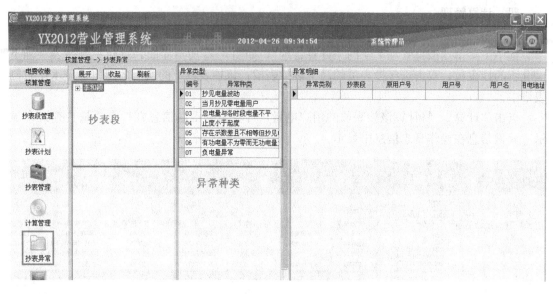

图 8-6 抄表异常界面

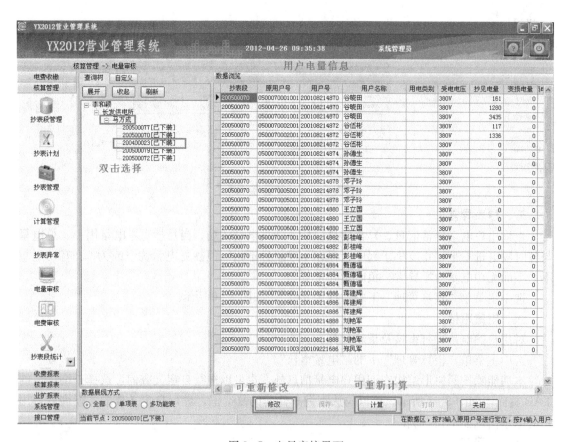

图 8-7 电量审核界面

选中主菜单"核算管理"下的"电费审核"。

本功能除按照树形结构查询用户电量信息外，也可以进行自定义查询，选择查询树后的 TAB 页面，如图 8-8 所示。

图 8-8　电费审核界面

电费审核完毕后，即可对相应抄表段进行提交，点击抄表段统计 TAB 页面，点击提交，抄表段提交可进行发行处理。

八、抄表段统计

统计各抄表段的电量电费信息。

选中主菜单"核算管理"下的"抄表段统计"。

九、发行

把本月电表示数的电量电费等信息从临时表中存储到发行明细，成为永久数据。

点击"发行"按钮，即可对选择的抄表段执行发行操作。

第二节　收　费　管　理

"YX 营业管理系统"收费管理部分主要包括以下内容模块：收费、收费日结、往来结算票据打印。

一、收费

点击在主菜单"电费收缴"进入"收费窗口"，如图 8-9 所示。

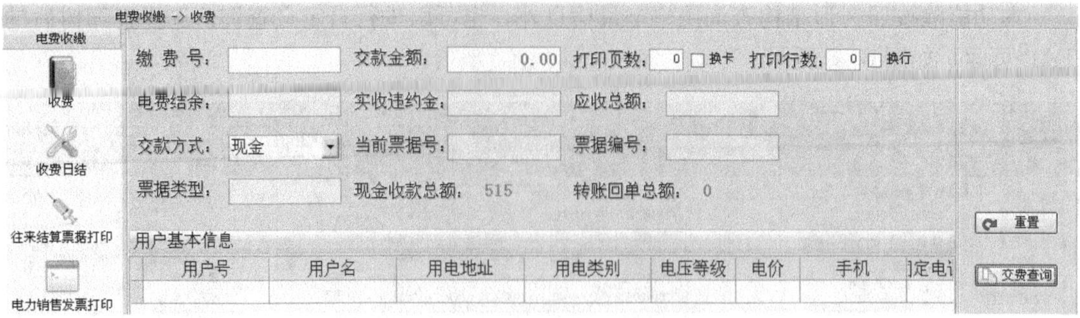

图 8-9　收费界面

输入缴费号进入用户查询，此处缴费号可输入托收号、新用户号、老业务号及老识别码。输入交款金额后，即可根据用户类型打印用户缴费卡或收据，如图 8-10 所示。

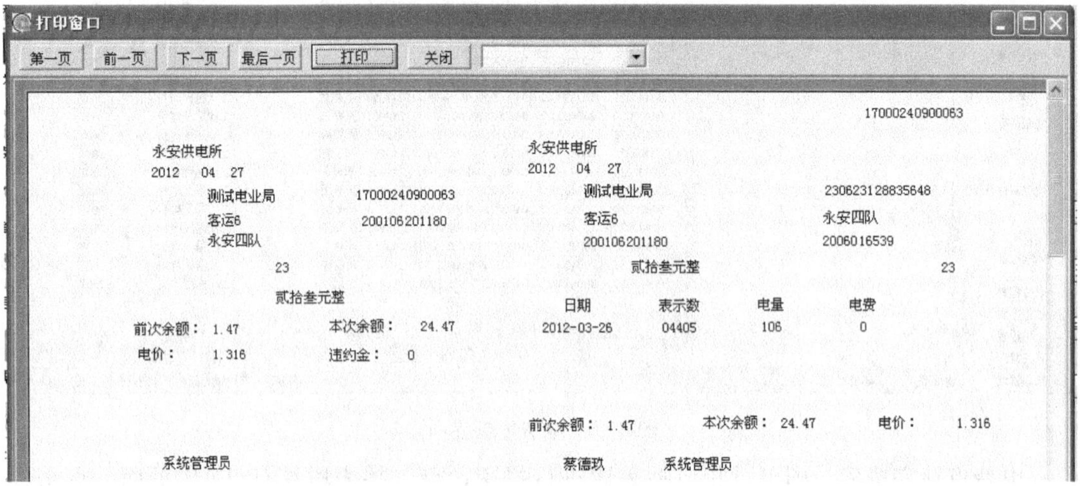

图 8-10　打印界面

交款方式为转账回单（用户已经通过财务交款，根据交款票据进行微机交款），需输入票据编号。如果用户缴费卡的页数行数不正确或者换卡，可修改打印页数与打印行数，打印页数与行数保存到数据库中。

二、收费日结

每日收费结账与打印，包括结账统计与结账明细坐收收费。

点击在主菜单"电费收缴"下的"收费日结"，进入"收费日结"窗口，如图 8-11 所示。

收费员每日可进行多次结账，结账后也可再次进行收费。如果当日收费后没有进行结账，第二日系统在第一笔收费业务时进行自动结账操作，结账单通过结账单补打打印。

三、往来结算票据打印

用户往来结算票据打印，可由操作员自行输入。

点击主菜单"电费收缴"进入"往来结算票据打印"窗口。

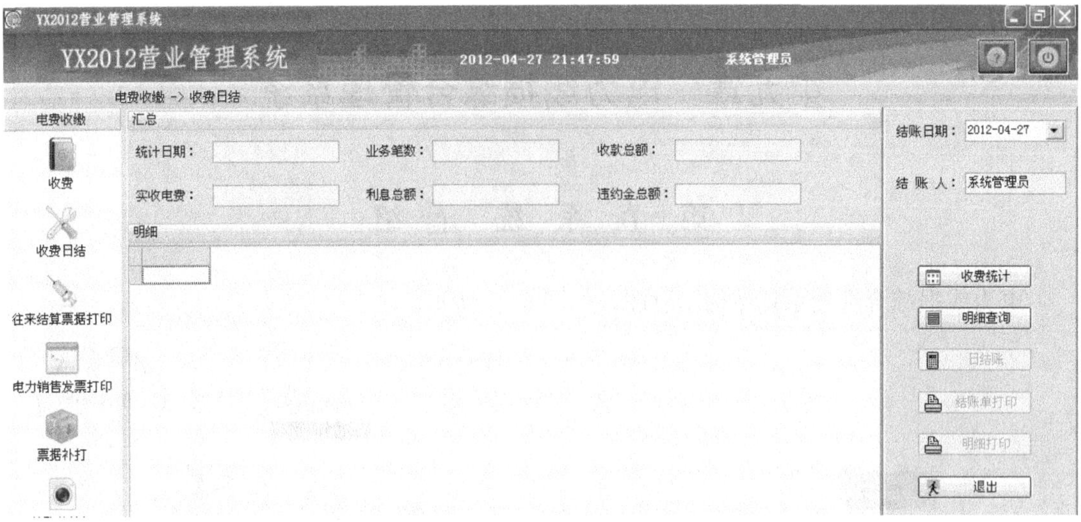

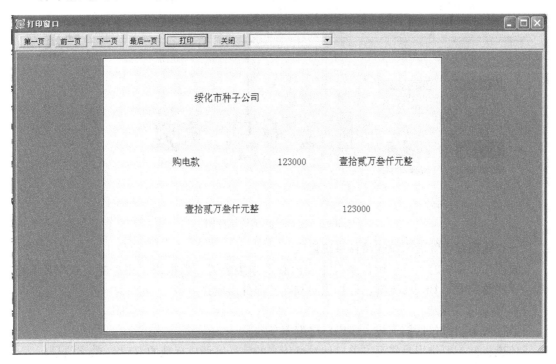

图 8-11　收费日结界面

打印格式如图 8-12 所示。

图 8-12　往来结算票据打印界面

第九章 电力线损综合管理系统

第一节 系 统 介 绍

电力线损综合管理系统结构示意图，如图9-1所示。

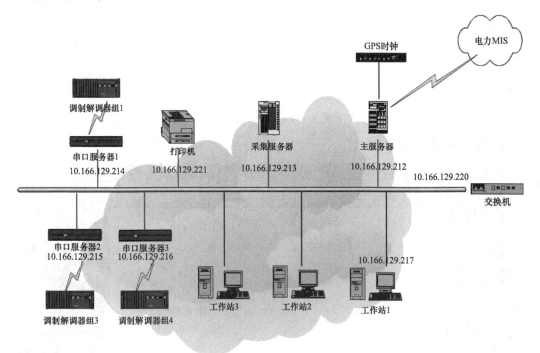

图 9-1 线损系统结构示意图

一、线损综合管理系统软硬件系统组成

线损综合系统的软件、硬件系统主要由数据采集装置、数据采集服务器、数据库服务器、Web服务器、Browser端、运程访问和维护部分组成：

1. 数据采集装置

数据采集装置包括信道板、多串口终端服务器。

信道板：主要作用是将远方关口计量点传来的信号解调成标准的RS232数字信号。

多串口终端服务器：主要负责标准RS232各厂站的数字信号汇集起来送至数据采集服务器。

使用MODEM拨号方式采集远方关口计量点的信息。

2. 数据采集服务器

进行数据接收发送程序的机器叫数据采集服务器。数据采集服务器直接同多串口终端服务器通信，接收多串口终端服务器汇集起来的各关口厂站信息，进行必要的处理并通过网络交换机插入数据库服务器进行。通过 www server 下载执行后，即可直接操纵数据库。本系统数据采集服务器为2台采用双机热备份，大大提高数据采集部分的安全性。操作系统采用 red hat linux advance server 2.1 加上补丁；数据采集程序采集各关口的信息；安装 jdk1.4.2-b28，使用 java 语言调用数据采集程序；为了保持数据库服务器数据的完整性，在机器空闲时能自动寻找数据库服务器丢失的数据并将其记录下来，以便下一次程序运行时能将数据补全。

3．数据库服务器（data server）

数据库服务器的主要功能是对采集上来的各关口电量信息进行进一步的处理，报表处理、曲线处理、画面编辑、公式处理、数据统计、合理性检查同时进行相应资料的存储。

操作系统为 red hat advanced server 5.1 和最新的补丁；安装 jdk1.4.2-b28。

4．Web 服务器

Web 服务器：apache 实现提供主页服务、报表功能子系统、曲线工具、画面编辑、旁路替代、计费等功能。

5．Browser 端

Browser 端只需安装标准的浏览器，操作系统可根据自己喜爱选择。由于主站系统采用 Browser/server 模式，应用系统全部建立在服务器上，server 端的开发采用 Web 技术，所以 Browser 端操作简单，只需键入相应的地址即可。Browser 端可以是局域网中的一员，也可使用账号进行拨号访问 server 端。

6．远程访问和维护

由于本系统是在协议下开发的应用系统，系统维护者或用户可通过拨号形式和 Unix 系统的身份认证、数据库系统的身份认证或应用系统的身份认证即可登录系统进行维护或访问。

二、系统登录

在安装标准浏览器的 Browser 端，双击浏览器，打开 IE，并在相应的地址栏中键入：域名或主站的 IP 地址，即可进入本系统的登录窗口，如图 9-2 所示。

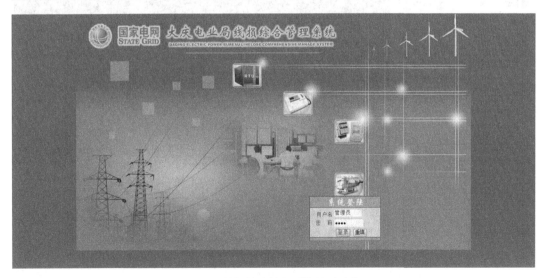

图 9-2　线损综合管理系统的登录窗口

登录线损综合管理系统要求浏览器版本为 6.0 版本，屏幕显示分辨率最好设为 1024×768。

登录账号有多种形式：管理员及普通用户。根据不同的账号，可以按照不同的权限进入线损综合管理系统，并进行相应的操作。

在选择了用户名，并正确输入用户密码后，单击登录按钮即可进入系统的菜单窗口，分为系统介绍、电能采集、统计分析、电能检测、无功优化。

线损综合管理系统功能模块主要有曲线功能、权限管理、报表管理、系统管理、线损考核、监视告警、电表管理、配置管理、配电管理、业务变更等。

第二节　曲　线　工　具

线损综合管理系统系统的曲线管理模块主要用于曲线显示。显示方式包括实时方式、历史方式、多线比较三种方式，即可以显示实时曲线、历史曲线、同屏多曲线。

该模块的功能具有以下特点：

（1）同屏比较功能：可进行同一时间段的不同曲线、同曲线不同时间同一时段的、同一时段不同时间不同曲线的同屏比较，还可以与计划曲线比较，结果一目了然。

（2）曲线拉杆功能：当鼠标划过曲线网格时可形成拉杆，出现选中值对话框曲线数据。

（3）资料状态标识：曲线数据值采用红、绿、蓝三种颜色，分别标识数据的不完全性、完全性、超前性等数据状态。

（4）可任意显示分、时、日、月、年的电量曲线。

（5）提供差值、联选等查询方便功能，如图9-3所示。

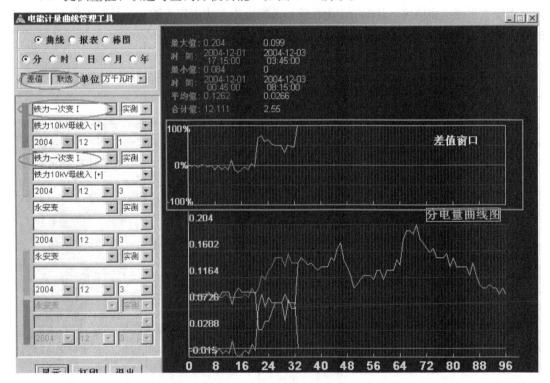

图9-3　差值、联选曲线界面

一、调出电能计量曲线管理工具

在系统的菜单窗口中选择报表曲线管理，或在桌面上选择电能计量管理工具的快捷方式，即可调出电能计量曲线管理工具的画面。

二、显示 96 点分钟电量曲线、报表

1. 显示曲线

选择曲线管理工具的显示类型为曲线；选择曲线管理工具的时间类型为分；在公式选择下拉列表中选择将要显示曲线的公式名称；选择要显示电量曲线的日期；单击显示按钮，如图 9 - 4 所示。

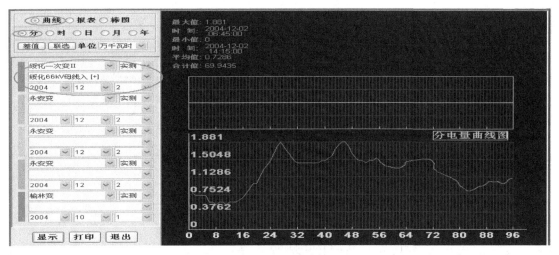

图 9 - 4 电能量计量曲线显示图

用鼠标在曲线上移动拉杆即可在左侧的文本显示区域中看到拉杆所处位置的具体时间和电量值，如图 9 - 5 所示；同时在曲线上方显示该 96 点分钟电量曲线的最大值、最小值、平均值、合计值以及最大值、最小值发生的时间。

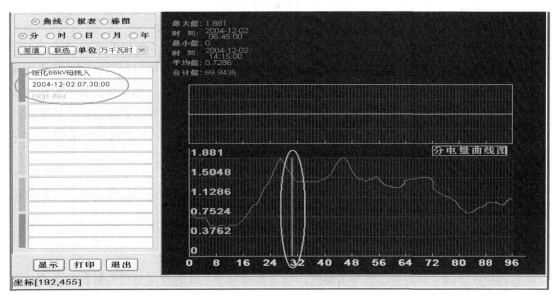

图 9 - 5 电能量计量曲线特定点电量显示图

2. 显示报表

选择曲线管理工具的显示类型为报表。曲线管理工具在显示区域以报表的形式显示具体每一时刻所对应的电量值，如图 9 - 6 所示。

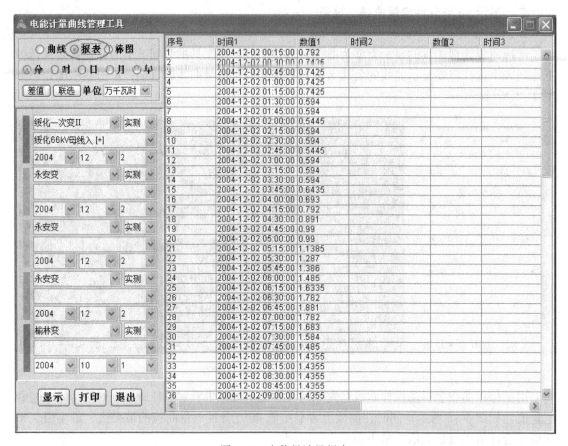

图 9-6　电能量计量报表

三、显示 24 点小时电量曲线、报表

1. 显示曲线

选择曲线管理工具的显示类型为曲线；选择曲线管理工具的时间类型为时；在公式选择下拉列表中选择将要显示曲线的公式名称；选择要显示电量曲线的日期；单击显示按钮。

用鼠标在曲线上移动拉杆即可在左侧的文本显示区域中看到拉杆所处位置的具体时间和电量值；同时在曲线上方显示 24 点小时电量曲线的最大值、最小值、平均值、合计值以及最大值、最小值发生的时间。

2. 显示报表

选择曲线管理工具的显示类型为报表。曲线管理工具在显示区域以报表的形式显示具体每一时刻所对应的电量值。

四、显示日电量曲线、报表、棒图

1. 显示曲线

选择曲线管理工具的显示类型为曲线；选择曲线管理工具的时间类型为日；在公式选择下拉列表中选择将要显示曲线的公式名称；选择要显示电量曲线的月份；单击显示按钮。

用鼠标在曲线上移动拉杆即可在左侧的文本显示区域中看到拉杆所处位置的具体日期和电量值；同时在曲线上方显示日电量曲线的最大值、最小值、平均值、合计值以及最大值、最小值发生的日期。

2. 显示报表

选择曲线管理工具的显示类型为报表。曲线管理工具在显示区域以报表的形式显示具体每一日期所对应的电量值。

3. 显示棒图

选择曲线管理工具的显示类型为棒图。曲线管理工具在显示区域以棒图的形式显示具体每一时刻所对应的电量值，如图4-8所示。

用鼠标在棒图上移动拉杆即可在左侧的文本显示区域中看到拉杆所处位置的具体日期和电量值；同时在棒图上方显示日电量棒图的最大值、最小值、平均值、合计值以及最大值、最小值发生的日期。

五、显示月电量曲线、报表、棒图

1. 显示曲线

选择曲线管理工具的显示类型为曲线；选择曲线管理工具的时间类型为月；在公式选择下拉列表中选择将要显示曲线的公式名称；选择要显示电量曲线的年份；单击显示按钮，如图9-7所示。

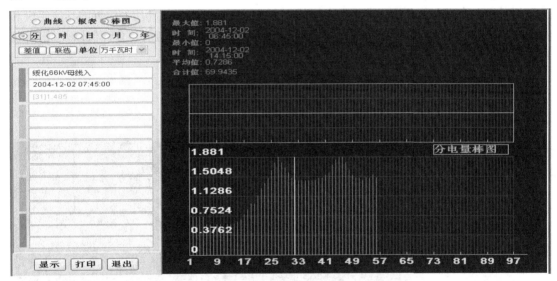

图9-7　电能量计量棒图

用鼠标在曲线上移动拉杆即可在左侧的文本显示区域中看到拉杆所处位置的具体月份和电量值；同时在曲线上方显示月电量曲线的最大值、最小值、平均值、合计值以及最大值、最小值发生的月份。

2. 显示报表

选择曲线管理工具的显示类型为报表。曲线管理工具在显示区域以报表的形式显示具体每一月份所对应的电量值。

3. 显示棒图

选择曲线管理工具的显示类型为棒图。曲线管理工具在显示区域以棒图的形式显示具体每月所对应的电量值。

用鼠标在棒图上移动拉杆即可在左侧的文本显示区域中看到拉杆所处位置的具体月份和电量值；同时在棒图上方显示月电量棒图的最大值、最小值、平均值、合计值以及最大值、最小值发生的月份。

六、显示年电量曲线、报表、棒图

1. 显示曲线

选择曲线管理工具的显示类型为曲线；选择曲线管理工具的时间类型为年；在公式选择下拉列表中选择将要显示曲线的公式名称；单击显示按钮。

用鼠标在曲线上移动拉杆即可在左侧的文本显示区域中看到拉杆所处位置的具体年份和电量值；同时在曲线上方显示年电量曲线的最大值、最小值、平均值、合计值以及最大值、最小值发生的年份。

2. 显示报表

选择曲线管理工具的显示类型为报表。曲线管理工具在显示区域以报表的形式显示具体每一年份所对应的电量值。

3. 显示棒图

选择曲线管理工具的显示类型为棒图。曲线管理工具在显示区域以棒图的形式显示具体每年所对应的电量值。

用鼠标在棒图上移动拉杆即可在左侧的文本显示区域中看到拉杆所处位置的具体年份和电量值；同时在棒图上方显示年电量棒图的最大值、最小值、平均值、合计值以及最大值、最小值发生的年份。

七、数据比较同屏显示曲线、报表及棒图

1. 同屏显示多条曲线

同时选择多个电量公式。不同曲线以不同颜色显示，如图 9 - 8 所示。

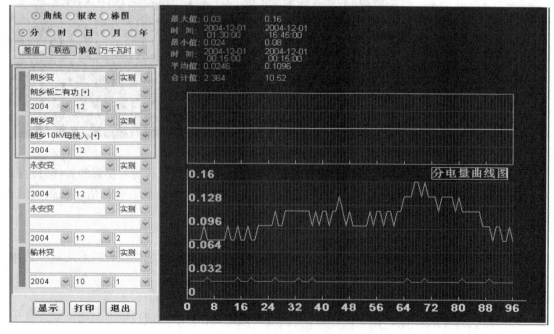

图 9 - 8　电能量数据比较同屏曲线

2. 显示报表

选择曲线管理工具的显示类型为报表。曲线管理工具在显示区域以报表的形式显示具体

的电量值，如图 9-9 所示。

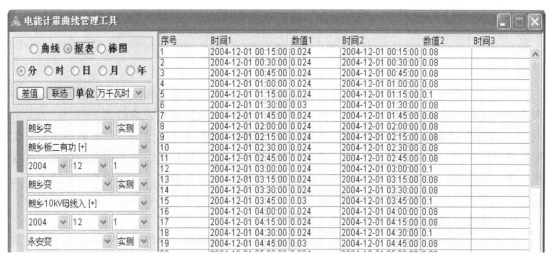

图 9-9　电能量数据比较同屏报表

3. 显示棒图

选择曲线管理工具的显示类型为棒图。曲线管理工具在显示区域以棒图的形式显示具体的电量值。

不同电量值的棒图之间以颜色区分，如图 9-10 所示。绿色表示数据为正常值；红色表示数据为不完全值；蓝色表示超前性数据状态。

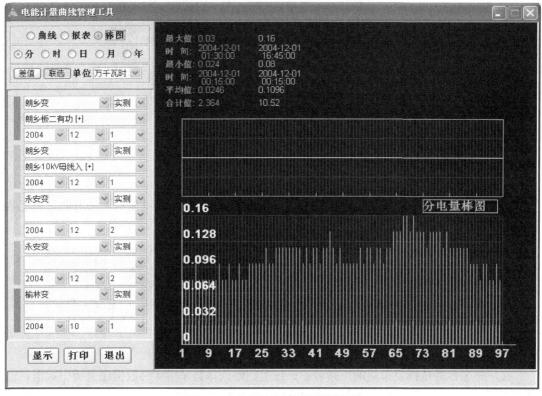

图 9-10　电能量数据比较同屏棒图

　　选择的曲线可以是某一单个采集量的数值，也可以是同一厂站的多个采集量或不同厂站的多个采集量的复合数值。

第三节　手动采集工具

　　线损综合管理系统的手动采集管理模块主要用于在主站手动采集现场的各种数据，采集方式包括实时方式和历史方式，工作模式分为调试模式和数据采集入库模式。

　　手动采集管理模块功能具有以下功能：采集电能量表底数据；采集器/电能表事件；对采集器进行校时；采集电压、电流、有功、无功的数据；采集相角、功率因数的数据；采集现场频率的数据；采集需量数据；采集电能量表底峰、谷、平数据；可采集实时数据和历史数据；采集的数据可选择进入数据库保存。

一、调出电能计量手动采集管理工具

　　在桌面上选择电能计量手动采集工具的快捷方式，即可调出电能计量手动采集管理工具的画面，如图9-11所示。

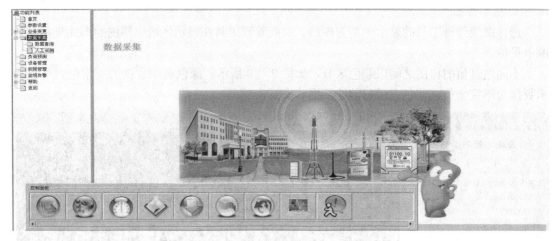

图9-11　电能计量手动采集管理工具的界面

二、采集电能量表底数据

1. 显示采集界面

　　用鼠标单击采集电能量表底数据的按钮，如图9-12所示，即可显示采集电能量表底数据的对话窗口，如图9-13所示。

图9-12　采集电能量表底数据操作启动界面

2. 设定采集方式及工作模式执行采集任务

　　在厂站名称处选择要采集的厂站名称；在类型处选择是采集实时数据还是历史数据；选择数据是否进入数据库保存；选择采集时刻的开始时间和结束时间，如类型为实时数据则可

图 9-13　采集电能量表底数据的对话窗口

省略；单击"采集"按钮即可开始采集任务；采集完成后单击"退出"按钮即可退出。

三、采集器校时

1. 显示校时界面

用鼠标单击对采集器进行校时的按钮，如图 9-14 所示。即可显示对采集器进行校时的对话窗口。

图 9-14　采集器校时操作启动界面

2. 设定校时方式及执行采集任务

在厂站名称处选择要校时的厂站名称；在类型处选择是正常校时还是强制校时；选择校时的时间；单击"设置"按钮即可开始校时任务；采集完成后单击"退出"按钮即可退出，如图 9-15 所示。

图 9-15　采集器校时结束界面

四、采集电压、电流、有功、无功数据

1. 显示采集界面

用鼠标单击采集电压、电流、有功、无功数据的按钮，如图 9-16 所示，即可显示采集电压、电流、有功、无功数据的对话窗口。

图 9-16　电压、电流、有功、无功数据采集启动界面

2. 设定采集方式及工作模式执行采集任务

在厂站名称处选择要采集的厂站名称；在类型处选择是采集实时数据还是历史数据；选择数据是否进入数据库保存；选择采集时刻的开始时间和结束时间，如类型为实时数据则可省略；单击"采集"按钮即可开始采集任务，如图 9-17 所示；采集完成后单击"退出"按钮即可退出。

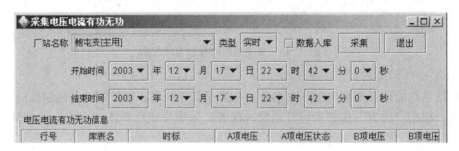

图 9-17　电压、电流、有功、无功数据采集界面

五、采集相角、功率因数数据

1. 显示采集界面

用鼠标单击采集相角、功率因数数据的按钮，如图 9-18 所示，即可显示采集相角、功率因数数据的对话窗口，如图 9-19 所示。

图 9-18　相角、功率因数数据采集操作启动界面

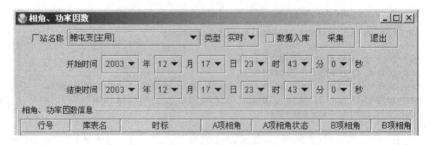

图 9-19　相角、功率因数数据采集完成界面

2. 设定采集方式及工作模式执行采集任务

在厂站名称处选择要采集的厂站名称；在类型处选择是采集实时数据还是历史数据；选择数据是否进入数据库保存；选择采集时刻的开始时间和结束时间，如类型为实时数据则可省略；单击"采集"按钮即可开始采集任务；采集完成后单击"退出"按钮即可退出。

六、采集频率数据

1. 显示采集界面

用鼠标单击采集频率数据的按钮，如图9-20所示，即可显示采集频率数据的对话窗口，如图9-21所示。

图9-20　频率数据采集启动界面

图9-21　频率数据采集窗口

2. 设定采集方式及工作模式执行采集任务

在厂站名称处选择要采集的厂站名称；在类型处选择是采集实时数据还是历史数据；选择数据是否进入数据库保存；选择采集时刻的开始时间和结束时间，如类型为实时数据则可省略；单击采集按钮即可开始采集任务；采集完成后单击退出按钮即可退出，如图9-22所示。

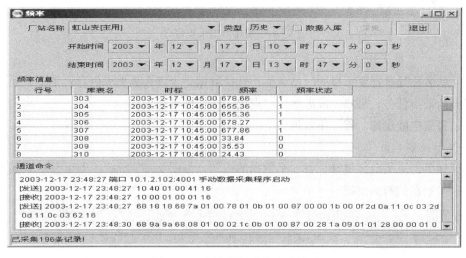

图9-22　频率数据采集完成界面

七、采集需量数据

1. 显示采集界面

用鼠标单击采集需量数据的按钮，如图 9 - 23 所示，即可显示采集需量数据的对话窗口，如图 9 - 24 所示。

图 9 - 23　需量数据采集启动界面

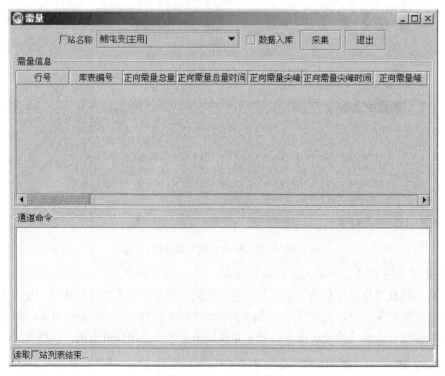

图 9 - 24　需量数据采集窗口

2. 设定工作模式执行采集任务

在厂站名称处选择要采集的厂站名称；选择数据是否进入数据库保存；单击"采集"按钮即可开始采集任务；采集完成后单击"退出"按钮即可退出。

八、采集电能量峰、谷、平数据

1. 显示采集界面

用鼠标单击采集电能量峰、谷、平数据的按钮，如图 9 - 25 所示，即可显示采集电能量峰、谷、平数据的对话窗口。

图 9 - 25　电能量峰、谷、平数据采集启动界面

2. 设定采集方式及工作模式执行采集任务

在厂站名称处选择要采集的厂站名称；在类型处选择是采集实时数据还是历史数据；选择数据是否进入数据库保存；选择采集时刻的开始时间和结束时间，如类型为实时数据则可省略；单击"采集"按钮即可开始采集任务；采集完成后单击"退出"按钮即可退出，如图9-26 所示。

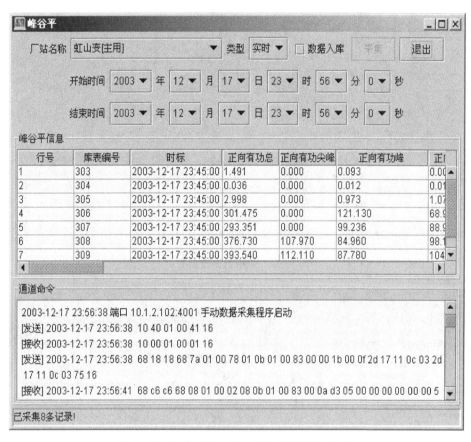

图 9-26　电能量峰、谷、平数据采集完成界面

第四节　数　据　查　询

本系统为用户提供基础数据（电表表底、电压电流有功无功、相角功率因数、频率、需量、峰谷平、电量、负荷曲线值及电量公式数据）的查询。

一、单项数据查询

（1）点击首页左侧树形菜单"数据采集—数据查询—单项数据查询"，进入"单项数据查询"界面，如图9-27 所示。

（2）点击"变电站名称"进入"变电站所属设备选择"界面，如图9-28 所示。

（3）点击"设备名称"，进入"分类查询"界面，选择起止时间段，可以查询电表表底、电压电流有功无功、相角功率因数、频率、需量、峰谷平、电量、负荷曲线值等数据，如图9-29 所示。

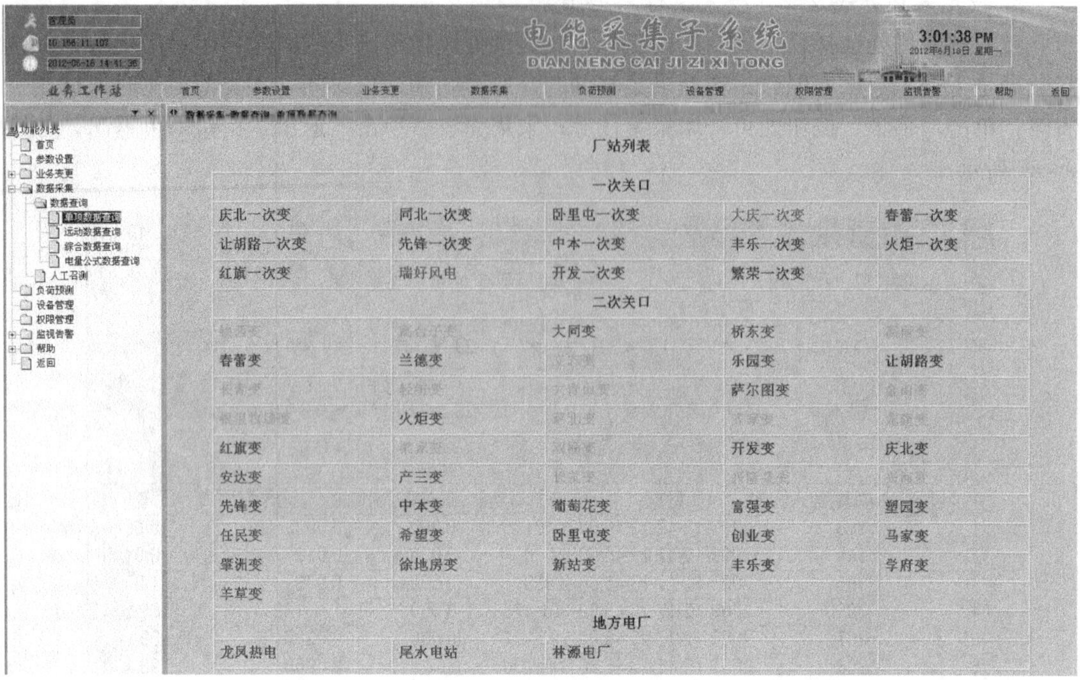

图 9-27　单项数据查询界面

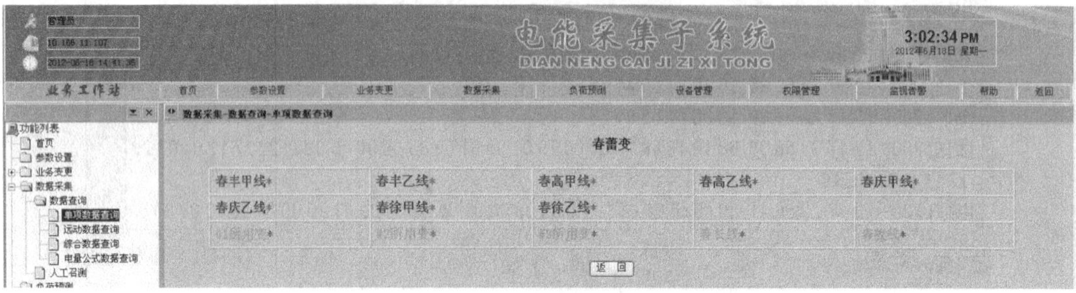

图 9-28　变电站所属设备选择界面

图 9-29　变电站所属设备分类查询界面

　　电表表底值查询。如图 9-30 为查询结果显示页面，结果以分页形式显示，将鼠标移至数据文字上方，会显示数据状态，并以颜色区分数据状态，对照关系。

图 9-30　变电站所属设备分类查询结果界面

二、综合数据查询

（1）点击首页左侧树形菜单"数据采集—数据查询—综合数据"查询，进入"综合数据查询"页面，如图 9-31 所示。

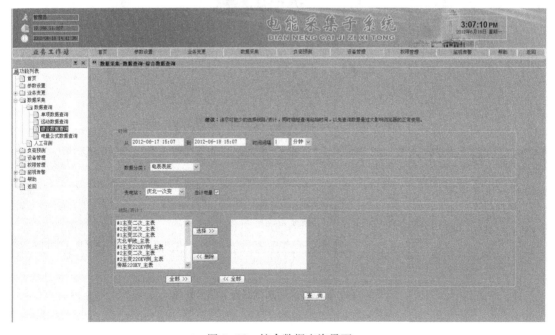

图 9-31　综合数据查询界面

　　注意：尽可能少的选择线路/表计，同时缩短查询起始时间，以免查询数据量过大影响浏览器的正常使用。

　　（2）输入系统要求格式的时间，并选择时间间隔（15、30、60min）。

　　（3）选择数据分类类型：电表表底、电压电流有功无功、相角功率因数、频率、需量、峰谷平、电量及负荷曲线值。

　　（4）选择需查询的变电站及所属线路（可多选），选中总计电量复选框，可计算查询总计电量值。

　　点击"变电站"，下面列表框显示变电站所属线路/表计列表，如图 9 - 32 所示（以两所屯变为例）。

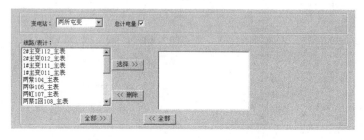

图 9 - 32　变电站及所属线路列表界面

　　将左侧需查询的线路/表计选中（可多选），点击"选择"按钮将选中线路/表计移至右侧，也可以点击"全部"按钮将该变电站所有线路/表计全部选至右侧。选择后还可以选择其他变电站所属线路/表计。如图 9 - 33 所示选择了两所屯变的 2 号主变压器 112 _ 主表和镇宁变压器的镇天 105 _ 主表进行查询。查询结果如图 9 - 34 所示。

图 9 - 33　变电站及所属线路选择示例界面

图 9 - 34　变电站及所属线路查询结果界面

参 考 文 献

[1] 夏国明，谢华. 用电营业管理. 北京：中国水利水电出版社，2004.

[2] 孙成宝. 抄表核算收费. 北京：中国电力出版社，2004.

[3] 国家电网公司人力资源部. 生产技能人员职业能力培训专用教材 抄表核算收费. 北京：中国电力出版社，2010.

[4] 牛春霞. 智能用电技术培训教材 电力用户用电信息采集. 北京：中国电力出版社，2012.

[5] 王广惠，陈跃. 用电营业管理. 北京：中国电力出版社，1999.

[6] 刘运龙. 电力客户服务. 北京：中国电力出版社，2002.

[7] 闫刘生. 电力营销基本业务与技能. 北京：中国电力出版社，2002.

[8] 王亚非. 线损管理与降损技术专业技术培训教材. 北京：电子工业出版社，2011.

[9] 赵全乐. 线损管理手册. 北京：中国电力出版社，2007.

[10] 吴安官，倪保珊. 电力系统线损. 北京：中国电力出版社，1996.

[11] 陈向群. 电能计量技能考核培训教材. 北京：中国电力出版社，2003.

[12] 丁毓山. 电子式电能表与抄表系统. 北京：中国水利水电出版社，2005.

[13] 杜敏. 以用电信息采集系统为基础的营销信息化管理. 安徽电气工程职业技术学院学报，2011（4）.

[14] 曾祥岭，倪陈强. 低压电力用户网络信息集成化的研究. 科技信息（学术研究），2008（34）.

[15] 覃琰，王杰. 配用电信息采集系统远程信道设计. 通信技术，2011（8）.

[16] 陈品富，刘以军，宋春晖，等. 采用自适应召唤策略提高 RS485 总线上的数据传输效率. 电力系统保护与控制，2011（14）.

[17] 张建飞. 低压电力抄表系统集中器部分的设计与实现. 湖北：武汉理工大学，2007.